RCC

19 essays
by RCC announcers

アナ本②

はじめに

２００４年1月1日。
ＲＣＣ中国放送のアナウンサー24人が綴った
エッセイ本が発売されました。

このときの宣伝キャッチが、
「広島初、そしておそらく全国初!?　アナウンサーによるエッセイブック。ＲＣＣのアナウンサー24人が体を張って綴った、直球あり、変化球あり、そして魔球もありの充実のエッセイ24連発！」
と、当時のＲＣＣアナウンサーの勢いそのままに、
当時は画期的な書籍として話題の1冊となりました。

そして、19年後……。

ＲＣＣテレビ・ラジオ開局70周年を迎えた２０２２年。
この記念すべき周年に、再び「アナ本」を制作する運びとなり、
19人によるアナウンサーたちが、
思い思いのエッセイを綴りました。

なかには、
前回の「アナ本」でも書きおろしたアナウンサーもいれば、
今作が初めてというアナウンサーもいます。

テレビやラジオでは見られない
「素」の姿が垣間見えるエッセイや
プライベート、個性全開のエッセイに至るまで、
19人による19通りのエッセイが集まりました。

前作のテンションとはまた違ったテイストで、
アナウンサーひとりひとりの魅力が詰まっています。
保存版間違いなしの一冊を、お楽しみください。

『RCCアナ本②』制作委員会

目次

老い。

2022年3月5日に50歳の誕生日を迎えた……。
感じざるを得ない「老い」る日々に、「老い」という現象と向き合う。

青山高治

あおやま・たかはる

1972年3月5日生まれ。広島県尾道市出身。テレビ「イマナマ!」(毎週月～金曜15:40～)ラジオ「名曲天国! ミュージック・ア・ゴーゴー!」(毎週金曜22:00～)を担当。ラジオ「秘密の音園」で第45回ギャラクシー賞DJパーソナリティ賞。「日々感謝。ヒビカン」で第50回ギャラクシー賞ラジオ部門大賞。

ロックのジャンルの一つに「オイ！　パンク」と呼ばれる音楽がある。いろいろ定義はあるのだが、ものすごく簡単に説明すると曲中に「オイ！　オイ！　オイ！」と一緒に盛り上がれる掛け声があるのが特徴だ。そんなパンクやロックを聴いていた10代の頃が懐かしい。今の僕には「老い！　老い！　老い！」と聴こえる気がする。ここのところさまざまな老化現象が一気に襲ってきた。老いがパンクしている状態だ。

２０２２年3月5日。50歳の誕生日を迎えた。視聴者の方からは「年齢より若く見えますね」と言われることもあるが、それはメイクさんとスタイリストさんのおかげ。メイク前の僕は、日々の生活に疲れ果てたおじさんだ。10年前、40歳になったときに「初老」という言葉が「40歳の異称」だと知った。その頃から僕の「老いるショック」は始まった気がする。加齢とともに髪は薄くなるのに眉毛はどんどん生えてくるのはなぜだろう。眉の毛根の元気さを頭頂部にトレードしたい。救いはまだ白髪が少ないこと。今のところ白髪染めは使っていない。しかし白髪を発見する回数は増えた。そのほとんどがモミアゲなのだ。僕はまずモミアゲから白髪になるのだろうか。貫禄のない北大路欣也みたいになったらどうしよう。顔のシミも増えた。右頬に1センチメートル（以下、㎝）大のシミが4個。一塁、二塁、遊撃、三塁とまるで内野守備のように並んでいる。「このシミは菊池！」と名付けたくなるほどの存在感だ。

　こうして迫りくる老いに震え上がっている。いや縮み上がっている。背が縮み始めているのだ。２０１８年の春に受けた人間ドックで身長が前年の１８０・５㎝より２ミリメートル縮み１８０・３㎝だった。ずっと１８１㎝の長身が自慢だったのに……。実は数年前の測定から１８１㎝を切り始めていることに気づいていたが、「たまたまだ」「寝起きだから」「機械が悪い」など、さまざまな理由をつけて現実を認めていなかった。何より四捨五入したら１８１㎝だ。しかし１８０・３㎝はもう四捨五入でも１８１㎝とは言えない。ああ世の中の基準を二捨三入に変えたい。身長を聞かれたら「１８１㎝です」と答えたい。なぜなら、１８０だと本当は１７９いくつなのに１８０にしていると疑われそうだが、１８１という数字には確実に１８０はあると思わせる説得力がある。しかし、この数年で身長はさらに縮みつづけ、２０２２年の夏の健康診断では、なんと１７９・６㎝と遂に１８０㎝を切った。でも身長を聞かれたら四捨五入で「１８０です」と言い張るつもりだ。恐るべし縮みっぷりだが容姿だけではない。体力の衰えも顕著だ。昔はエレベーターを待つぐらいなら迷うことなく階段を一段飛ばしで軽快に駆け上がっていたが、今は１階分の移動でもエレベーターに乗りたい。ただ身体は柔らかい方だ。風呂上りにストレッチもするが、これも「ヨガ」とか「体幹」みたいな流行りのものではなく、以前ヘルニアになったときに再発防止のために病院で教えてもらった……その名も「腰痛体操」だ。

そして頭の中。仕事モードのときは短い文章なら記憶できるが、私生活での記憶力は怪しくなってきた。先日も妻との会話で、ある俳優の名前がお互い出てこず「あのドラマに出ていた人よ」という妻に対し、「名字の最初の漢字が何となく分かる気が……」と顔は浮かぶのに名前が一向に思い出せなった。漠然とイメージだけで記憶しているから人は間違えてしまうのだろうか。母はその栄養価の高さから「森のバター」と呼ばれる野菜のアボカドを「陸のチーズ」と覚えてしまっている。父は必ず「デラックス・マツコ」と言う。確かにデラックス・プランとか前にくる言葉も多いし、気持ちは分かる。そんな父が「高治の人生で初めていいことがあった」と喜んだのが、僕がRCCアナウンサーとして内定が決まったときだった。息子としては「そこまで俺の21年間を否定しなくても」と複雑だったが、ずっと「こいつは何がしたいんだ?」と心配をかけていたのだなと実感した。確かに何をやっても中途半端だった。老いまくりの現在でも「若い頃に戻りたいか」と問われると、答えに迷う自分がいる。

小学校に入学した7歳の頃、女子に棒で突かれて泣かされ、別の女子の膝枕で涙を拭いていた記憶がある。体格は大きい方だったが運動神経が悪く徒競走はいつもビリ。見かねた両親がスイミング教室に通わすも、スクールバスに酔い、泳がずに1日で辞めた。次に歩いて行ける柔道教室に通わすも、準備運動の腕立て伏せができず、滞在30分で辞めた。運動を諦めた中学校時代は音楽に目覚めた。14歳の誕生日に念願のエレキギターを手に入れると鏡の前でウットリするだけの日々。「1週間で弾ける！　いとしのエリー」という教則本を買うも1週間で弾けずに落ち込むと練習が続かなかった。あれから36年。「いとしのエリー」はまだ弾けない。趣味も諦めた。高校1年生の1学期までは成績優秀だったと思う。入学直後の模試では国立大学も目指せそうだったが、夏休み前には授業の意味が分からなくなり「男は諦めが肝心」と学校帰りに塾をさぼり、友達と尾道ラーメンを食べ、アイスもなか片手に海を眺めるという観光客のような放課後を過ごしていた16歳。勉強も諦めた。憧れの一人暮らしを始めた18歳。大学では音楽サークルでオールディーズを歌うバンドを組み「安佐南区のプレスリー」を目指した。講義にも出ず、単位も足らず「留年か……」と諦めかけた3年の終わりに、4年生で40単位以上取得すれば卒業の可

気持ちは分かる

能性が出てきたため慌てて就職活動を開始したのだ。そして諦めの連続だった人生に転機がやってきたのは、1993年21歳の時だ。

RCCのアナウンサー試験。僕は本当に運がよかったと思う。前日にたまたま読んだマスコミ就職本に載っていた用語について面接で質問されたり、アナウンス教室には通っていなかったがバンド活動のために通っていたボーカル教室で学んだ発声や腹式呼吸に助けられたり、さらにこの年は「地元広島県出身の男性アナウンサーを」という会社の採用方針もあったという。他にも多くの幸運を感じて22歳になったばかりの1994年の春、RCCに入社。しかし数年間は自分でも中途半端なアナウンサーだったと思う。

28歳だった2000年の秋。僕は自分の限界を感じて野球実況などを担当するスポーツアナウンサーを「辞めたい」と上司に告げた。「実況がやりたいから」とスポーツ王国の広島を目指して受験するアナウンサー志望者も多いぐらい、男性アナウンサーにとって一つの憧れであるスポーツ実況を自分から逃げ出した。そして当然だが仕事がなくなった。自分が喋るのではなく、先輩や後輩アナが喋るラジオ番組のディレクターを続ける毎日……。当時アナウンサーとして唯一のレギュラーの仕事だったのが、経済番組のVTRのナレーションだった。原稿が出来上がるのを待つ深夜「このままアナウンサーではなく別の部署に異動になるかもしれないな……」と少しだけ覚悟し始めていた。同時に「ラジオで音楽番組のＤＪをやりたい」という入社当時からの夢は諦めきれないでいた。

そして半年後の２００１年の春、29歳。深夜に「秘密の音園」という小さな音楽番組が始まった。開始当初はゼロだったリクエストが少しずつ増え始めると、20分だった放送時間が30分、60分となって、32歳の２００４年の夏には2時間の生放送になり、約8年続いた。36歳だった２００８年には「秘密の音園」で、放送界で最も権威のある賞とされるギャラクシー賞の第45回ＤＪパーソナリティ賞を受賞。40歳になった２０１２年の春からは正午から3時間の生放送「日々感謝。ヒビカン」という情報番組を担当し、第50回ギャラクシー賞ラジオ部門大賞を受賞した。

２０１４年42歳の秋から「イマナマ！」の前身番組「イマなまっ！」が始まった。実は「秘密の音園」と「ヒビカン」のスタッフが、今も「イマナマ！」を一緒に作ってくれている。大好きなラジオの音楽番組もタイトルや放送時間が変わりながらも何とか続いている。現在は金曜夜に放送中の「名曲天国！　ミュージック・ア・ゴーゴー！」だ。ディレクターは「秘密の音園」の学生バイトだった男で、僕の喋る内容やテンポを完璧に把握してくれている。そして自分から逃げ出したスポーツアナとしての数年間が「カープファン感謝デー」などスポーツ関連の仕事で今の僕を助けてくれている。いろんな経験や出会いがつながって、一度は諦めかけそうになった仕事が今も続いている。仕事がある幸せ、支えてくれる仲間がいる幸せを噛みしめる。何をやっても中途半端で続かなかった僕が、今もアナウンサーとして毎日マイクに向かう。これまでの人生で「何やってんだかなぁ……」と不安だった時間も含めて思う。「きっと無駄な時なんて1日もなかったのだ」と。50年間この顔と身体に刻まれた日々が、今の自分を作ってくれたと思うと、この老いも少し愛おしくなる。五十にして天命ではなく天職を知る。僕はＲＣＣのアナウンサーになることができて本当によかった。今回このエッセイのテーマを「老い」に決めてから気づいたが、書店をのぞくと「老い」や「老化」などがタイトルについた書籍が多い。やはりみんなが向き合い関心があるということなのだろう。どれか手に取って読んでみようかと思ったが、実は最近目がかすむ。字が見えない。そう老眼も始まった。自分でも読むのを楽しみにしていたこの「アナ本」を、限度文字数いっぱいまで書いてしまったことを後悔している。

0％の物語。

言葉は「人生を変える」
言葉は「背中を押す」
言葉は「世代を繋ぐ」…その先の奇跡。

石田 充

いしだ・みつる

10月20日生まれ。広島市南区出身。4人兄妹の二男。“自称・日本一マツダスタジアムの近くで生まれ育ったアナウンサー”（のひとり）。カープ新井貴浩選手の2000安打のヒーローインタビューや、黒田博樹投手日米通算200勝実況などを担当。「サンフレッチェアウェー観戦バスツアー参加」や「マツダスタジアム観戦」などで、『ファンやサポーター目線』を大切にしながらマイクを握る。テレビ／ラジオスポーツ中継（野球・サッカー・駅伝など）を担当。『イマナマ！』（カーチカチ！TV）出演。

70年以上前の「運命のひと言」

「畑から野菜を採ってきて！」

もし、この言葉をある人物が無視していたら……私がRCCに入ることはもとより、この世に存在することすらなかったかもしれない。

1945年8月6日の朝。父方の祖父は安芸郡坂町に住んでいた。当時32歳。いつものように汽車で仕事へ向かおうとしていた。職場は現在の広島市中区加古町。数時間後、景色が一瞬にして変わることになる場所だった……。

ただ、いつも乗るはずの汽車に乗らなかった。家を出る直前に、母親に呼び止められた。「畑から野菜を採ってきて！」。父が早くに亡くなった家庭環境で育った祖父。母の頼みはいつも断らなかったという。結果、汽車を一便遅らせることになった。

午前8時15分。祖父は原爆の直撃を免れた。それでも直後に加古町に向かい、建物も人も燃えるようなひどい状況の中、救助活動をしたという。

いつか聞ければいいや……の後悔

祖父が69歳のときに私は生まれた。「充《みつる》」の名付け親でもある。私は南区の南蟹屋、

右側から父方の祖父、母と妹、私、父方の祖母

祖父は大州に住んでおり、徒歩10分でいつでも会える存在。ただ8月6日の出来事はなんだか触れてはいけない気がしていた。そして2001年、帰らぬ人となった。88歳だった。なぜ聞かなかったのかと、10代だった自分を責めてしまう。冒頭の8月6日のエピソードは、伯父や父から聞いた話だ。

『伝承』のラストチャンス

東広島に母方の祖母が暮らしていた。1927年生まれの96歳。あの8月6日を広島駅付近で体験していたが、孫としてこれまで直接、話を聞いたことはなかった。

2022年から広島市では、家族の被爆体験等を受け継ぎ伝える「家族伝承者」の養成を始めた。被爆者の平均年齢は84歳を超え、ストレートな表現でいえば「直接話を聞けるラストチャンス」が迫っていた。伝承者という域ではないが、私も祖母の「8・6の記憶」を、カメラを片手に聞いてみることにした。後悔しないために。

おばあちゃんの8・6（2022年・夏）

「みっちゃんは何歳になるんかいね?」「もう40よ」

そんな会話からスタートした55歳差の祖母と孫の2人の時間。忘れかけた部分、忘

幼い頃の夢は新幹線の運転手（隣は母）

運動は苦手ですが野球は好きでした

れたい部分もあったようだが、時折目を閉じながら8・6の記憶を語り始めた。

島根県出身の祖母は当時18歳。広島鉄道病院（現・広島市南区大須賀町）の看護師として働いていた。「あの頃は、空襲が再三ありよった。病院の地下に掘ったところがあって、警報が鳴ったら、みんなと防空壕で過ごしたよねぇ」。さらっと言葉にした祖母だが、近年再開発が続く広島駅にもそんな時代があったと再認識させられる。

8月6日。午前8時15分……。

間もなく始まる朝礼に備えて、祖母は鉄道病院の2階の廊下を歩いていた。そのとき、「今でも覚えている」という瞬間が来る。「建物の中にいても光ったのが分かった」というこれまでにない衝撃。わけが分からないまま、柱を伝って一階へ降りた。「食堂が燃えている。反対側から外へ出ろ」という声。「病院は早く焼けた。一緒に働いていて亡くなった人もおったよ」。九死に一生を得るという言葉は本当にあった……。

見渡す限りボーボーと火が燃えている。奇跡的に大きなけがはなかった祖母は、着の身着のまま、白い服を汚しながら広島駅の北側にある練兵場へ向かって逃げた。その後、「狩留家（現・安佐北区）へ逃げんさい」という話になり、集団で中山（現・東区）を抜けて向かうことになった。「いい靴じゃないけぇ、スリッパみたいなのを履いてね。みんながぞろぞろ歩いていった。道端では見知らぬ人がむすびを食べて行きんさ

母方の祖母に8.6を聴く

いと言ってくれてねぇ」。つらい思い出のはずだが、少しだけ穏やかな表情で振り返る。「暑い中、みんな帽子もないけぇ、近所のおばさんが里芋の大きな葉っぱをちぎってくれてねぇ。それを日傘のようにして歩いたよ」。戦時中の人の温かさが話の端々に垣間見えた。その日のうちに狩留家の小学校に到着。講堂に病院関係者は集められ、けがをした人の処置をすることになった。その後、寝泊りを数日繰り返し、実家のある島根へと帰った。

運命の再会@広島駅

カメラの前でつらい過去を掘り起こした罪悪感がある中で、明るくなる過去の話題も聞いてみたくなった。私の人生につながる『おじいちゃんとの出会い』の話だ——。

終戦から少しの期間が経ち、母方の祖母は再び広島の鉄道病院へ戻ることになった。夜勤をしていたある日、指をけがしたひとりの男性がやってきた。それが結婚相手になるわけだが、その日は処置をしただけ。普通の患者と看護師という関係だった。

数日後。汽車で通勤していた祖母は広島駅の改札口で偶然、切符を切る係の駅員と目が合った。「お互いに『ありゃ』となったよ」と祖母は笑いながら振り返る。指をけがしたあの患者だった。「こないだはありがとう」と駅員の男性。ドラマみたいな再会

カメラ越しの祖母

だった。自動改札機じゃない時代も良いところがあったようだ。祖父は8人の孫の成長を見届け、2019年に90歳で、そして祖母はこの本の出版間際に天国へと旅立った。おばあちゃん、貴重な話を聞かせてくれてありがとう。今は2人仲良く姿を変えつつある広島駅を空から見守ってくれているはずだ。

近所に球場ができるかも!?

広島駅といえば、1990年代半ば、周辺に新球場建設の話題が持ち上がる。私からするとそこは近所の空き地。小学生の頃はトンボを捕まえる絶好の場所だった。そして高校生の頃には「もし球場ができるなら将来ここで仕事ができたらいいな」という夢ができた。ただ、帰宅部の私に選手は無理。ならば喋り手だ。そこから逆算の人生プランがスタートする。大学ではとにかくアナウンサーを目指す仲間を探した。神宮球場で大学野球の実況練習もした。ラジオのプロ野球中継の言葉を1試合すべて文字にした。それは大学で提出したどんなレポートよりも多い文字数だった。すべては生まれた街にできる〝かもしれない〟球場で、実況できる日が来ることを信じて——。

フラれた相手に、もう一度……

2009年9月22日。
実況デビュー。解説安仁屋宗八さん(左)

2008年、旧広島市民球場最後の試合。
バックスクリーンの上

２００５年の春。私は熊本でアナウンサー人生をスタートさせていた。放送局の採用試験は数十社受けたがＲＣＣは……「書類落ち」。他の広島の民放はアナウンサー試験すらなかった。そんな中、内定をくれた熊本の局には今でも感謝の思いが強い。入社４か月で全国ネットの中継も任せてくれ、どんどん背中を押してくれる社風だった。そして熊本でのアナウンサー生活２年目の夏。ターニングポイントが訪れる。

２００６年８月29日＠熊本・藤崎台球場。

プロ野球の公式戦が行われることになった。しかも「巨人対広島」。幼い頃から原爆ドーム横の市民球場で見てきたカープ選手が目の前にいた。運よく放送席も見学させてもらえた。ただアナウンサーなのに見学でおしまい。忘れかけていた高校時代の夢がよみがえってきた。人生は一度きり……。数週間後、大学生に混じってＲＣＣのアナウンサー採用試験を受けていた。そして、時を同じくして、広島駅周辺の新球場建設計画はより現実的なものになっていた。

２００６年10月19日。かつて書類落ちしたＲＣＣから内定をもらえた。その事実を熊本の局の社長に伝えるとこう言われた。「ウチが君を採用したことでアナウンサーになれなかった人がいる。彼らの人生を背負いながら故郷で頑張れ！」。わずか２年。会社に恩返しすらできていない若者に対してもっと言いたいことがあったはずだが……

2017年9月18日。
甲子園優勝テレビ放送席

2018年9月26日。
三連覇ラジオ放送席

最後はやっぱり背中を押してくれた。

夢の器で、夢叶う！

２００７年の春、ＲＣＣが新たな職場になった。愛するカープはＢクラスが続いていたが、２００９年に自宅そばの空き地に新球場が完成。部屋の窓を開ければトランペットの音が聞こえる環境になった。そして空前のカープブームと黄金期が訪れた。

２０１８年９月26日。

『マツダスタジアムでカープの歴史が変わった。球団史上初の３連覇達成！』

そんなフレーズをＲＣＣラジオの電波に乗せて喋ることができた。いまだに夢の中の出来事ではないかと思ってしまう。強くなったカープ、マツダスタジアムの存在、熊本時代も含めた会社の先輩・後輩、家族・親族。すべての縁に心から感謝している。

生まれた街にプロ野球のスタジアムができて、一度落ちた会社に採用され、愛するチームの実況ができる。しかも優勝の瞬間を広島県民に伝えられる。それがすべて重なる確率は「限りなく０％」に近い。でもそんな奇跡に巡り逢えた。なぜだろう……。答えの一つは、あの朝、野菜を採りに行った祖父が教えてくれている気がする。

「人の話をちゃんと聞くんだよ」。

マツダスタジアムそばの「広島カープ誕生物語」モニュメント
（2022年8月6日ピースナイター試合前に撮影。試合は秋山翔吾のサヨナラヒットでカープが勝利）

2018年9月26日。ビールかけ
（びしょ濡れのまま実家にシャワーを浴びに行きました）

石橋真

心を揺さぶられた人、元気をもらえた人

広島に根差して27年。これまでさまざまなご縁で、いろんな分野の、たくさんの方々と出会い、取材し、会話を重ねてきた。彼らは、誰もが知っている『著名な方』ばかりでなく、私の生活の身近なところにいる、日々の生活でくじけそうになっても、卑屈になることなく、懸命に前に進もうとしている。私にとって、『心を揺さぶられ、元気をもらえた存在』である2組を紹介する。

いしばし・まこと

10月20日生まれ。テレビやラジオのスポーツ中継を担当。ラジオ「おひるーな」パーソナリティ(水・木曜担当)を務める。座右の銘は「謙虚」「感謝」「ピンチはチャンス」

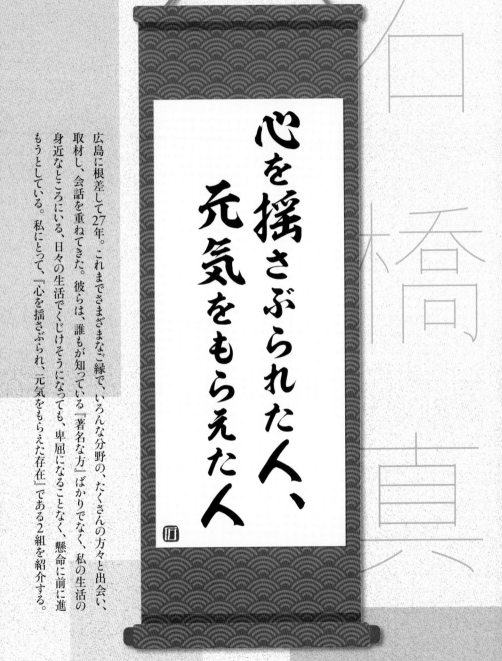

1人目

古原拓弥さん（広島県立世羅高等学校陸上競技部 男子監督）

「正直、どうしようかと思った。これから一人で陸上部をどう指導していけばよいか、不安だった」

広島県立世羅高等学校陸上競技部。全国高校駅伝では、男女合わせて13回の優勝を誇る全国屈指の駅伝強豪校だ。創部から70年以上の歴史を重ねてきた陸上部は、2022年の新年度から男子監督に、古原拓弥《こはらたくや》さんが就任した。

古原さんは、駿河台大学で教員免許取得後、世羅高校で事務支援員や講師と並行して、陸上部のコーチを務めていた。2021年、教員採用試験に合格し、2022年の春、県教委の人事で世羅高校に正教員として赴任。しかし、その人事でこれまで陸上部の指導に携わってきた男女の監督やコーチが異動や定年退職。指導陣が大きく変わる中、前年度のスタッフから唯一残ったのが古原さんだ。「スタッフが3人抜けて、どうやって生徒たちを指導していけばいいのかと思って。僕自身、初任者研修や他の業務でこれまで通りグラウンドに立てないかもしれない。いろんなことをずっと考えていました」。一緒に指導してくれる人はいないか？　誰か、お願いできる人は？　その時、古原さんの頭に浮かんだのが、世羅高校・駿河台大学時代の陸上部の後輩、流田直希《ながれだなおき》さんだった。「1年間でしたけど、大学の時にずっと彼を近くで見ていて、直希だったら僕のこともよく知ってくれているし、信頼できるっていうのもあって」。ただ、流田さんは大学卒業後、広島県内の民間企業に就職。営業マンとしても軌道に乗り、バリバリ働き、やりがいも感じていた。「今回、声をかけることで、直希の人生を大きく変えるかもしれない。でも、他に頼める人がいない……」と、ダメもとで連絡をし、その日の夜、古原さんは流田さんと食事をしながら、本題を切り出した。そのまま流田さんの自宅に宿泊。翌朝、流田さんと別れ、世羅へ戻ったのは昼前。その時、流田さんから電話連絡。「古原さん。自分、仕事辞めます！」。

　なんという急展開！　あっという間に結論を出した流田さんに、「なぜ？」と聞きたいことだらけの私。勤めている会社に不満があったわけでもない。それを、丸一日かからずにあっという間に会社を辞める。

「実は、大学4年生の時にも教育実習で世羅高校に訪れたとき、講師をしていた古原さんから『来年から帰ってこないか？』と言われました。そのときは、今後の人生は陸上とは離れて、違う自分を探してみたい思いが強くて断ったんです。

しかし、今回誘ってもらって『もう3度目はない。ラストチャンスだ』と。心の奥底に、指導者側に回ってみたいという気持ちがあったんだと思います」。

流田さんの思いは分かったが、勤めていた会社の上司の反応がどうしても気になる。

「それはびっくりしていました。でも、所長が本当に自分のことをすごく考えてくださる方で。古原さんに誘われる3か月前の今年1月に箱根駅伝に母校が初出場。『母校が箱根に出たし、世羅高校も全国で優勝したし、ちょっと引っかかっていたのが、やってみたいって思いに火つけちゃったんかね。俺がとめる理由はない。やりたいことをやった方がいいよ。いいじゃん』って言われました」。

古原さんと流田さん。生まれも育ちも世羅出身。通っていた高校、大学の先輩と後輩。この関係性だけで、こんなに太い絆が出来上がるものか？　不思議で仕方ない。

「真っすぐなんですよ。すぐに感情的になるし、バカなことばっかするんですけど、真面目だし。ほんとにいい奴なんです。良い意味で何でも言えますね。僕、弟がいないので、弟がいたら、こんな感じなのかなと思っています」（古原さん）

「古原さんは自分の中では、『この人かっこいい』とか『本当に尊敬する』っていう感じで。古原さんと話してて、『この人の悪いところって、あるのかな』って、逆に探すくらい、悪いところがないんです。自分は実の兄貴はいるけど、古原さんは〝第2の兄貴〟みたい」（流田さん）

古原さんは新任の教員としてスタート。流田さんは勤めていた会社を円満退社し、2022年5月から臨時採用の教員として体育の授業を受け持っている。

「一緒に過ごす時間が増えましたが、いまだに古原さんの悪いところが見つからないです。ずっと探しているんですけどね（笑）」と流田さん。兄弟以上の深い結びつきを感じる2人。なんか、すごくうらやましいなあ。

2人目

毛利マサオさん

「今度、ゴルフの始球式を頼まれて。今、練習中です」。久しぶりに連絡を取ると、弾んだ声が返ってきた。「目が不自由なのに、ボールを打てるのか？」視覚障がい者に対して抱く私の先入観を、はるかに超えるのが毛利マサオさんだ。

RCCラジオで年末に行っているラジオチャリティーミュージックソン。目の不自由な方へ音の出る信号機を贈るためのチャリティーイベントだ。2021年の暮れ、横山雄二アナウンサーとともに、メインパーソナリティーを務めることになったのをキッカケに、2021年10月、知人の紹介で視覚障がい者の毛利マサオさんと出会い、そこからのお付き合いだ。

1999年10月10日、仕事中の不慮の事故で視覚を失った。2009年10月10日、馨さんと結婚。「結婚記念日の10月10日は、僕が生まれ変わった日として今もすごい大事にしています」と話す毛利さん。現在、東広島市内でマッサージ店を営んでいる。

「盲導犬の普及活動などをしている地域の団体の方と知り合う機会に恵まれて『〝目が見えない世界〟について色々と教えてください』と言われ、普段から交流する機会がありました。あるとき、何気ない会話で『視覚を失う前に、少しだけゴルフの打ちっ放しに行ったことがあります』と話したら、『今度、団体の交流会ゴルフで、始球式をやってもらおう』となったんです」

静止しているとはいえ、見えていないボール。クラブをスイングしながらボールに当てることは、決して簡単なことではないはずだ。

「僕は『できる、できない』じゃなくて、『やりたいか、やりたくないか』なんです。悩みよったら、次に誰かに持っていかれるって思ったら、自分が先頭でやります」

視覚を失った直後は、しばらく自暴自棄の日々を送っていた毛利さん。そんなとき、ある〝ひと言〟が、毛利さんの気持ちを変えた。視覚を失った後、白杖を持っての歩行訓練を行う施設。指導してくださった恩師の言葉。『障がい者だけど、障がい者気分になるな』「目が見えない自分に、周りの人が何でもやってくれる、と思うのでなく、自分でできること、やれることはやる。『健常者と同じような生活がいかにできるか』を考えてほしい」と恩師は続けた。

「それまで『視覚障がい者の人は電気もつけずに、暗い部屋でじっとしていて、楽しくなさそう』というイメージを持っていたが、自分の目が見えなくなった。性格もひねくれ、この後の将来も見えない状況で不安にもなった。そのときにかけてもらった恩師の言葉が僕の心に刺さりました。そして、前を向く気持ちになれました」

料理、洗い物、衣服などの洗濯は洗って干して収納、扉の開け閉め、電気のスイッチの切り替え。自分でできることは何でもやる。「周りから『旦那さんの介護と子どもの育児を一手にやってらっしゃって』と言われるが、旦那はほぼ一人でやります。目が見える健常者と接するときとほぼ同じ感じです」と馨さん。

さらに、毛利さんの〝やりたいこと〟の報告はつづく。「服飾のブランドをもう一回立ち上げて、再挑戦しようと思って」と。10年ほど前、友達と二人で始めた服を中心としたブランド。Tシャツ、パーカー、帽子など、アイデアは広がり、いざスタート。しかし、思うようにコトは進まずいったん休止。今回、知り合いのサポートを受けて再挑戦を決めたそうだ。でも、色や形などのデザインや文字や字体、細かい配置など、イメージや確認はできるのか。「イメージはもう色々出てきます。色んな崩れた字や、カチカチの固いブロック体でも、ローマ字でも。あとは目の見えない自分が習字で筆を持って書いて、そのまんま、その崩れた字でデザインしていこうかな、とも思ったりしてます。色にしても、まだその色を覚えとるけぇ、自分の中の組み合わせとかできるんです。これが、生まれつき目が見えない人との違いなんですよね」。

『できる、できない』じゃなく、『やりたいか、やりたくないか』。自分の気持ちに素直に従えば、自然と支えてくれる仲間や周囲との結びつきが生まれる。勇気を出して前へ踏み出すことができる言葉をかけてもらった。

一流の黒子であるために。

一柳信行

教員志望だった私が実況アナウンサーに……。
少しだけ、私のアナウンサー人生を振り返ります。

いちりゅう・のぶゆき

1967年5月31日生まれ。広島県大竹市出身。1990年、RCC入社。スポーツアナウンサーとしてプロ野球(広島東洋カープ)や陸上競技などの実況中継、レポーターなどを担当。

「絶叫アナ」「熱狂実況」「スポーツ好きな男」……私についての記載を調べると、この3つのワードがくっついていることが多い。イベントの司会でもそういう紹介をされることがある。確かに野球をはじめとしたスポーツ実況は好きですが、絶叫しているつもりはありませんし、「学生時代からスポーツアナウンサー志望だったんですよね」とも聞かれるが、実は教員志望。縁あってこの道に進むことになり、実況アナウンサー生活を続けています。そんな自分をちょっとだけ振り返ってみました。

とにかく野球小僧でした。中学、高校でも当然野球部。甲子園に行けるとは思わなかったけど、旧市民球場で公式戦ができたのは良き思い出です。そんな私の当時の夢は、熱血教師になり、生徒と共に泣き笑いの人生を送ることでした。

しかし、あることがきっかけでそれが変わります。高校2年生の授業中、いねむりをしていた私を、現代国語の先生が突然指名。

「お前は将来何になりたい?」と。

とっさに

「ハイ! 世の中の動きが分かる仕事に就きたいです」

熱血教師を目指していた大学時代(写真左端)。寮のお風呂で仲良し同級生と

そう答えたことが、後に将来を変えます。未熟で世間知らずの私は、単純にそういう仕事なら放送局だなと考えたわけです。とはいえ、本命はやはり熱血教師。放送局は頭の片隅に置いていた程度でした。

その後、大学進学の際に選んだのは教育学部ではなく法学部。教師になるには教職の授業を別に履修しなければなりません。分かってはいましたが、その科目数の多さに結局教員免許の取得を断念。熱血教師への道はそこで終わりました。

時は流れ、大学4年生になる前に思い出したのが、頭の片隅に置いていた道でした。実は、アナウンサーになるための訓練や活動は全くしていませんでした。そのため入社式の後にアイウエオから始めたわけです。ダメ元でも入社試験くらいは受けようと思い受験したところ、これが運よく内定。授業中にいねむりをしていたのでとっさに答えたあの一言が、将来進む道になったのです。口にした言葉は記憶に残る。口にしてみることは大事なんだなぁと思ったことを、今でも覚えています。

こうして始まったアナウンサー人生ですが、学生時代にそれなりの専門学校通いや部活をしていなかった私は、当然上手には喋れません。アクセント辞典の引

「ハイ！　世の中の動きが分かる仕事に就きたいです」

そう答えたことが、後に将来を変えます。

「なぁ〜んだ、結局は順調じゃん」と思われるかもしれませんが、

実はそうではありません。

き方すら分からず、日々、悪戦苦闘。諸先輩方からの厳しい指導のかいもなく、何をしても上達しないわけです。

下手なアナウンサーには、当然部内での風当りも強くなり、1年目に7キロも瘦せました。しかし、そんな劣等生にも救う神様がいました。先輩の上野隆紘アナウンサーと川島宏治アナウンサーでした。上野さんはカープ初優勝の実況を担当し、川島さんは当時弊社のエーススポーツアナウンサー。しかも、廿日市高校の先輩。この2人の大先輩が、一柳はスポーツの話をすると楽しそうにする姿を見ていらして、スポーツ実況をさせてみてはどうかと導いてくれました。そこからは、入社時には考えもしていなかったスポーツアナウンサーへの道を歩むことになります。

ただ、実況の世界はそう甘くないです。特にラジオは瞬時の描写力が必要なのに、全く言葉が口から出てこない。語彙力不足も明らかでした。当時のスポーツ部長からも「実況アナは、今8人いる。9人目はいらない」と正面切って言われる始末。ここまで言われると、もう絶望的です。

そんな八方塞がりの中、ある日、私の入社試験時の人事担当者から、「あなたに

会社に慣れた5年目の頃の私

は、これまでのRCCアナウンサーにはない個性がある。そこに賭けてみようということで採用したのです。だから頑張れ！」と声をかけてもらえました。どんな個性だったのかは自分ではよく分かりませんでしたが、そんな一言がとてもうれしかったのです。

そこからはとにかく練習練習。でも、練習する姿でアピールするのは嫌だったので、社員に見つからないように球場の中で空いている席を探しました。最初は下手すぎてお客さんから笑われていましたが、逃げずに頑張っていると、段々恥をかくことに慣れてきた上、時々励ましてくれるようにもなりました。草野球で練習していると、その中に高校の野球部時代の後輩がいて、驚いたこともありました。夜中にビデオを見ながらの練習は、寝ている家族やお隣さんにはきっとうるさかったはず。今思い出すとはた迷惑な話です。

プロ野球実況デビュー戦にたどり着いたのは入社4年目の秋。デーゲームの担当でしたが、前日中継を終えた先輩方がアナウンス部で酒盛りを始めたのです。翌日デビュー戦を控えているとはいえ、一番下の私が先に帰宅できるはずはなく、社内の各部署の冷蔵庫から氷をかき集め、先輩の好みに合わせてグラスに酒を注いでいく。それを続けること数時間。深夜1時半を過ぎても宴は続いていました。だから、デビュー戦当日は必死でしたよ（笑）。

その後は決して順調ではないけれど、野球はもちろんアジア大会やバレーボール世界選手権といった国際大会、都道府県駅伝、年末年始は大阪で全国高校ラグビーなどさまざまな競技実況を経験させてもらえたのは幸せなことです。特に高校時代は全く近づけなかった甲子園球場での実況経験は宝物です。大先輩の山本浩二氏にごあいさつに向かえるのが、ちょっぴり誇らしかったりもしています。

でも一番幸せと思えたのは、2016年のカープ25年ぶりのリーグ優勝の実況を担当させてもらえたことです。会社の上の人から「優勝が決まるまで、実況担当はずっとお前さんでいく。しんどいだろうが頑張ってくれ」と言われたときはうれしかったです。実況4連投目で優勝が決まったわけですが、社内の仲間に励まされながらたどり着いた瞬間の感激は、生涯忘れることはないでしょう。

こういう書き方をすると、「なぁ～んだ、結局は順調じゃん」と思われるかもしれませんが、実はそうではありません。少なくとも、30代後半になるまでは、全

米子での野球中継前。右から安仁屋さん、石橋君、アルバイトさん、私

く楽しくなかったです。自分の実況担当の日は、全て雨で中止になればいいのに……と本気で思っていました。なぜなら、上手く喋れないから。単に喋ることはできます。ネット局からは「ＲＣＣの一柳は、実に楽しく野球を喋る」とお褒めの言葉を結構いただきました。でも、自己満足に終わっているのではないか。更に、どんなにキャリアが浅くても、常に東京・大阪のエース級のアナと比較されてしまう。そんな葛藤があり、球場に行くのが怖かったです。解説者の名前を言い間違えることもしばしば。安仁屋宗八さんと天谷宗一郎さん、お名前を口にしたときの語感が似ていませんか？　スズメバチの襲来におののきながらも必死に野球実況したのに、ＴＢＳの番組で年間の珍プレー実況大賞に選ばれました。恥ずかしい日本一なので、自分では「裏ギャラクシー賞受賞」と言い続けています。午後６時に始まったのに、試合終了は深夜０時半前。６時間半近くラジオで実況したのに、こちらは史上２位の試合時間。２位じゃダメなんでしょうか（笑）。

そんな私が大切にしている思いが２つあります。

「自然に気持ちが入り、それを言葉に乗せるのは大事ですが、感動の押し売りをしてはならない」

カープ春季キャンプ、前田選手を取材中というより雑談中

「実況で人を勇気づけることは私にはできないけれど、スポーツの素晴らしさを伝える橋渡し役にはなれる。主役は選手。伝え手は黒子」

この2つのことを忘れないようにしています。

何とか爪痕を残そうとしてオーバーな喋りをする人、やたら自分の名前を連呼する人、調べたことばかり口にして目の前の試合の流れを追えない人は、実況アナとはいえない。爪痕なんてなくてもいいし、残ったとしても、誠実に伝えていこうとすればそれは自然とついているものではないでしょうか。素晴らしい試合でしたね、ところで、実況していた人は誰？　くらいの興味の持たれ方のほうが丁度いいです。

こうして70年を超えた弊社の歴史の中で2番目に遅い実況デビューだった劣等生の私が、今では一番長く、一番多くのスポーツ実況をしている人になっています。この先も一柳が実況していると安心できる、そんな存在であり続けたいです。そして、もし叶うなら、カープ新井新監督の胴上げを実況したいですね。優勝できるかなぁ。

わたしが山歩きにハマる理由《ワケ》。

YAMA to AYA
Why I love hiking.

伊藤文

いとう・あや
8月6日生まれ。テレビ／『ランキンLand!』出演。ラジオ／『おひるーな』(月・火曜日担当)、『歌のない歌謡曲』

ゆるーい山歩きがモットー
きっかけはマラソン同好会

山登り、なんて本格的なものではありません。近場だったら半日あれば行って帰れる、広島の山歩き。自然のなかを歩いて汗をかき、お昼ご飯を山頂でおいしく食べるために、歩くのです。山頂で食べるご飯は、どんなに質素なお弁当でも信じられないくらいおいしい！　天気が崩れる可能性が少しでもあれば行きません。私が休みの日に楽しんでいるのは、そんな、ゆるーい山歩きです。

普段、広島のまちからぐるっと見渡すと、同じくらいの高さの山が連なっています。あまりそんな視点で見ることがないかもしれませんが、歩きやすいよう整備されている山だと片道1時間前後で山頂ま

広島のまちを一望

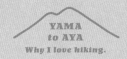

三滝山

広島市西区

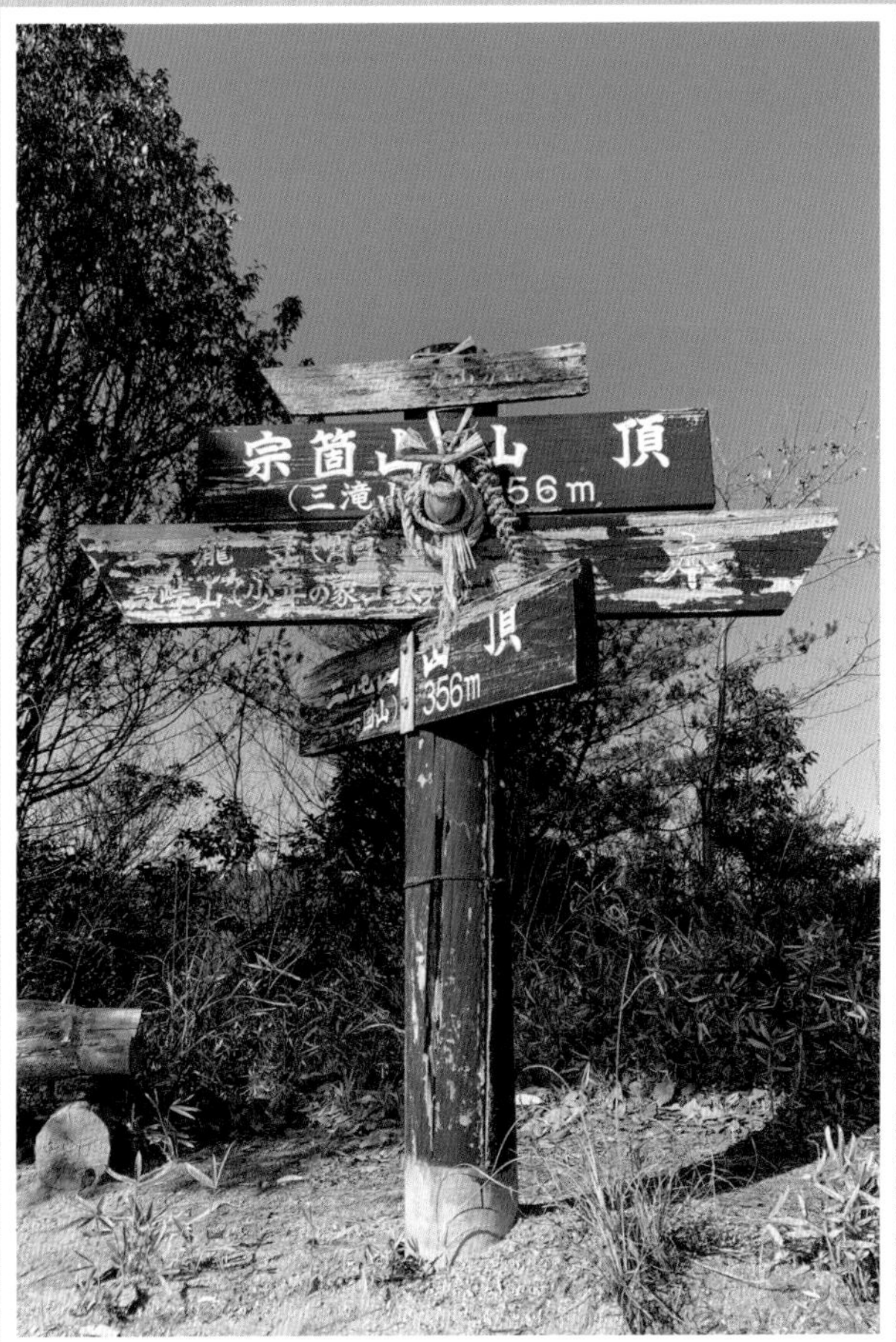

お正月の登り初め。西区の三滝山（宗箇山）は山頂もお正月仕様

YAMA
to AYA
Why I love hiking.

似島

広島市南区

似島で出会った地元の方に、甘夏のおすそ分けをいただきました

日浦山

海田町

日浦山（海田町）では、
こんな遊び心も♪

で行けます。山頂に立つと、眼下には広島のまちと、キラキラ光る6本の川。その先には瀬戸内海。毎日生活している場所だけど、すこし上から眺めると、広島ってこんなにきれいな場所なんだな、と実感します。しかもちょっとした達成感も味わえるというステキなご褒美つき。晴れた休みの日の午前中には、散歩のように山に登ってお昼ご飯を山頂で食べ、午後は帰宅して別のことをする。そんなことができてしまう丁度良い山が、町なかからすぐのところにビックリするほどたくさんある都道府県。実はそんなにないんじゃないかなぁ。

歩いていると、さまざまな方とすれ違います。年配のご夫婦、少年たちのグループ、きっと日課のようにいつも歩いている、こなれた雰囲気のソロハイカー。毎日仕事を頑張っていそうな、汗をかきかき登る働き盛りの男性（あくまで私の想像です）。場所によってはトレイルランニングをしているツワモノもいます。

こうやって時々山歩きするようになったのにはいくつか理由があります。一つは、子どもたちが小さいうちに、一緒に頑張れる何かをしたかったから。登り始めてすぐ涙が出ることが多かった次女は小学生になってたくましくなってきて、途中でバテてしまった私の手を引いて励ましてくれるようになりました。

そして、何より山を歩くのが好きだったから。20代半ばに、あるマラソン同好会に入ったのですが、走るほうはからっきしで落ちこぼれ。それでも続けていたのは、「課外活動」が楽しかったからです。マラソン同好会に登山と高山植物に詳しいメンバーがいて、その土地のおいしいお店と、帰り道に立ち寄れる温泉をセットにして登山ツアーを企画してくれるんです。一番思い出深いのは、初夏に登った山形県の月山《がっさん》です。出羽三山のひとつで冬は雪深い豪雪地帯ですが、春、やがて夏がくると高山植物が咲き乱れ、本当にきれい。しかも、夏でも残雪が広がる場所もあって、広島育ちの私にとっては初めて見る感動的な景色でした。歩いた後は、残雪の上に飲み物を置いて冷やし、持って行った小さな鉄板とバーナーでお肉を焼き、みんなで少しずつ頬張る。あとは大きなおにぎり。サイコーなお昼ご飯でした。

アナウンサー新人時代を振り返ると、寝ても覚めても毎日仕事のことで頭がいっぱい。休みの日に他のことをするなんて最初の1、2年は考えられませんでした。そんなころに、取材でお世話になった方から誘われて入ったのが、このマラソン同好会でした。

一緒に登山をしていたメンバーには、当時20代だった私の親ほどの年の方が多くおられました。みなさん日頃はバリバリ働きながら、休みの日は思いっきり山を歩いて、たくさん話して笑う。その輪の中に入れてもらい、まだ行ったことのない場所にたくさん連れだしてもらいました。昭和歌謡の味わいも教わりました。そして、私も同じくらいの世代になったら、休みの日にはこんな風でいられたらな、と憧れのようなものをもっていました。

いま、私が20代の頃に憧れていたような大人になっているかというと全く違いますが、それでも秘かに計画しています。子どもが大きくなった頃には、あそこに行って、ここに行って、と。それまでは、大好きな広島の山をもっともっとマイペースで楽しむとしましょうか。

吾 妻 山

庄原市

ちょっと遠出したいときのおすすめは、庄原の吾妻山。吾妻山ロッジ(休業中)の駐車場から片道40分ほど歩いて、この絶景です!

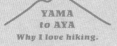

吾妻山の道中は、人の道の横に、モグラの道も!

紅葉の季節も最高♪

小さなガスバーナーがあるだけで、スープやコーヒーなどお昼御飯ががもっとおいしくなります!

YAMA
to AYA
Why I love hiking.

これまでの「わたし」の話をしよう

Myself

Looking back on the past 29 years.

長野県で
生まれ育ち、
アナウンサーに……。
これまでの29年間を
振り返ります。

伊東平
Ito Taira

いとう・たいら
1994年2月24日生まれ。長野県飯山市出身。学生時代は10年間、野球に熱中し、大学では救急救命士の国家資格を取得。現在はスポーツ実況などを主に担当（プロ野球、Jリーグ、駅伝、WTAテニス世界ツアー戦、ハンドボールなど）。趣味はサウナで、サウナ・スパプロフェッショナル（サウナ施設管理者向け資格）、サウナ・スパ健康アドバイザーという資格を持ち、ドラマ『サウナぼっち。』主演。その他、ラジオ『夕刊Genaday』などを担当

自宅から見える高社山

生まれは豪雪地帯 鍛えられたのは……

長野県内でも有数の豪雪地帯といわれる飯山市。積雪は、毎年市内で平均120センチメートル、山間部では300センチメートルに迫る。

温泉やスキー場関連が主な産業で、自宅から車で30分圏内にスキー場が8つある。家から見えるスキー場には、幼少期から毎年滑りに行っていた。冬の体育の授業は全てクロスカントリースキーで、学校の周りの畑がコースになっている。一時期本気で取り組んでいたが、感想は「体力的に最もきついスポーツ」である。そして中学、高校になると年に2日間だけゲレンデで行われる「スキー教室」という授業がある。アルペンスキーかスノーボードを選択するのだが、スキーを選ぶと全国優勝争いするようなクラスメートがいるため、〝そこそこ滑れる程度〟だと、もはや公開処刑状態。クラスの女子に格好をつけたい男子はこれを回避するために、いち早くスノーボードに切り替えるのである。かくいう私もモテたいので、この時期はお小遣いのほとんどを投入して必死にスノー

とにかく水遊びがすきな少年。面影ありますか？

ボードを練習した口である。しかし、スキー場のおかげで最も鍛えられたのは別の能力だった。冬場は寒くて基本的に外で遊べないので、家から8キロ離れたゲレンデを一日中ぼーっと眺めることがよくあった。姉は勉強、弟は漫画と本をたくさん読んだためか、中学生のときからメガネを着用している。一方の私は景色ばかりを眺めていたため、いまだに両目共に視力が2・0ある。家族には信じてもらえないが、スキー場で滑っている人が見えるので混み具合がわかる。

生き物GETだぜ！

伊東家ではテレビゲームが禁止であった。理由は「ゲームの中だろうと人に暴力を振るってはいけない」という父の教育方針からである。当時はゲームキューブではスマブラ、ゲームボーイアドバンスではポケモンなどが流行っており、友達の家に遊びに行くとみんなが熱中していた。「僕にもやらせて！」とコントローラーを手にするも、手練れの友達にボッコボコにされてしまう。勝てなければ面白くないのは当然で、そんなときは早めに切り

大好きなこの景色。もう何年もこの時期には帰れていません……

上げて、リアルポケモン（はちゅう類、魚、亀など）を捕まえに行っていた。

網を片手にサンダルで用水路に入って、じゃぶじゃぶと上流に向かって探していく。オイカワという川魚を初めて捕まえたとき、その美しさに感動したのを覚えている。自宅の水槽で飼ってみたが、跳ねる魚なので飼育はとても難しく諦めた。だから大人になったら跳ねても気にならないくらいの大きな水槽を買うのが当時の夢であった。他にも蛇やカナヘビやイモリ、亀なども飼い、繁殖にも成功した。亀の繁殖の記録をまとめた資料は県のプレゼンコンクールで表彰もされ、このときは生き物の研究者になりたいと思っていた。ちなみに爬虫類を飼っていたのは興味本意ももちろんだが、爬虫類が苦手な父に対する、ゲームを買ってくれないことへのせめてもの抵抗でもあった。

夏の田んぼ道ダイブ

映画やドラマの世界では、高校生が学校帰りにゲームセンターやカラオケに寄り道しているのを見たことがある。こういった光景は私の青春とはかけ離れている。最寄りのゲームセンター（イオン）までは徒歩で3時間。夏休みに友達と自転車を飛ばして向かったが、途中の激しいアップダウンで3人が熱中症になり、あえなく断念。カラオケは市内に一つだけあったが、利用料金が当時の私たちにはあまりにも高く、大人の娯楽であった。マックもない、カフェもない。野球部の練習がオフの日は、神社の境内で自動販売機の激甘ミルクティーを片手に、鬼ごっこをする小学生を眺めて「あの頃はよかった」と、友達と時間を潰すのがお決まりだった。帰り道は豊かな田園風景が広がっている。夜は人通りも少なく、初夏は蛙、秋は虫の声しか聞こえない。

夏の田んぼ道は好きだった。野球部の練習が終わると、キャップを後ろ向きに被り、アンダーシャツのままザリガニ釣りをした。帰りはママチャリにまたがり、クタクタの足でゆっくりとペダルを漕ぐ。日中の暑さが少し残る、盆地の空気を緩やかにかきわけて進んでいく。疲労と空腹で足を止めたくなる。足を止めて見上げれば満天の星が広がる。しかし、止まれば自分の汗臭さを思い出してしまうから、ゆっくりと進んだ。誰もいないので気晴らしに歌を歌った。当時、私の帰宅ソングの定番はファンキーモンキーベイビーズの『恋の片道切符』。誰もいない田んぼ道で歌うのは実に心地よい。気持ちが入りすぎて目を瞑りサビを熱唱する。サビを歌い切った瞬間、フッと地面がなくなり、火照った体が一瞬にして冷やされる。こんなにもきれいに、頭から田んぼに落ちたと理解がおよぶまで、しばらく時間がかかった。「夏の帰り道ダイブ」の代償は泥水でズブ濡れの制服だった。

母はこの話を聞いて笑って服を洗ってくれたが、あとあと聞くと「いじめにあっているのでは」と本気で心配して担任に相談をしていたらしい。母ゆずりのおっちょこちょいな息子です。

山本昌ノーヒットノーラン事件

私の人生の中で野球は切っても切り離せない。野球をしていなければ今こうして原稿を書いている自分は存在していない。それくらい私の人生を大きく変えてくれた存在だ。幼少期から晩ごはんのときは祖父のあぐらの中が私の定位置。野球好きの祖父が焼酎片手にブツブツ言

中学時代、実は赤ヘル。
1番打者で走り回ってました

いながら中継を見ていたのをよく覚えている。父も高校までガッツリ野球をしていたため、私が野球を始めて以降、本当にたくさんのサポートを受けてきた。この場を借りて感謝を伝えたい。ただ、野球を始めたきっかけは父ではなく、小学生時代の親友・みーくんの誘いからだった。「もっと一緒に遊ぶ時間を作ろう!」と私が入っていた英語塾にみーくんが、彼の入っていた野球チーム「ヤング木島」に私が入るという交換条件で、入団を決めた。もう一人、熱心に誘ってくれていたヒラタクの存在もあり、小学4年生から今までの長い間、野球に携わることになる。後日、みーくんから「英語塾は送り迎えが難しいから入れない」と一方的な条約破棄を経験することになる。中学生になると、シニアリーグで硬式野球を経験することになるのだが、こちらへの入団を決めたきっかけも「シニアに入れば連絡用に携帯電話を買ってあげるよ?」と父に提示されたからである。当時の携帯電話への憧れは凄まじいもので、野球を続けさせたい父親の作戦にまんまと引っかかったわけである。

　入団した「飯山シニア」(通称「みゆき野」)での奥原監督との出会いもまた、その後の人格形成にかなりの影響を与えている。人生で出会った人の中でこんなにも喜怒哀楽が全開な人にはいまだに出会ったことがない。監督のエピソードをあげるとキリがないが、よく覚えているのは「山本昌ノーヒットノーラン事件」だ。2006年9月16日、阪神対中日戦で山本昌投手がプロ野球史上最年長でノーヒットノーランを達成。野球少年としては目を輝かせてプロ野球ニュースに見入っていたが、その翌日の練習試合は大変だった。というのも、監督は大の阪神ファン。屈辱的な(阪神の)敗戦の鬱憤は試合前のシートノックに込められた。いつもより明らかに打球が強い。そのあまりにも強い打球に内外野共にエラーを連発し、さらに憤怒。試合どころではなくなったのはいい思い出である。喜怒哀楽全開の監督であったが、一方で、たかだか15歳の子どもたちに全力でぶつかり合ってくれたことには頭が下がる。あいさつ、礼儀、感謝。子どもたちを「人」に育て上げてくれた恩師である。

最後に

私にとって故郷とは「家族と風景」である。私の家族

祖母との最後の写真。またいつか

は皆、なかなか面白い。父方の祖父は農業高校出身ながら東京高等裁判所・裁判所書記官として勤め、母方の祖父は元テレビ局アナウンサーで、現在は建立600年を超えるお寺の住職。父はテレビディレクター、母はフリーアナウンサーで、現在は地元の副市長をしている。姉は地元でテレビ局に勤め、社内結婚した旦那さん、旦那さんの両親もテレビ局に勤めていた。そして弟は出家し、現在、真言宗総本山で僧侶として修行を積んでいる。なかなかバラエティ豊かな面々だが、その中でも唯一「何をしていた」と一言で語れないのが父方の祖母である。その大好きな祖母は2021年に亡くなった。最後に会ったのは冷たいガラス越しだった。個人的に祖母への思いをインスタグラムにメッセージとして綴っている。もし可能であればそのメッセージをいつかご一読いただきたい。

故郷へ足を運んだときには、あなたの大好きな家族一人一人と話をしてほしい。どう出会い、何をしてきたのか、たくさん、たくさん話をしてほしい。知ることが、つながれた思いが、これからのあなたを支える力になってくれるはずだから。

「小宅世人」という人。

Oyake Santo

小宅世人

おやけ・さんと

1998年9月29日生まれ。身長175cm。神奈川県横浜市出身。2021年、RCCに入社。テレビ／『イマナマ!』コーナー「旅する特命観光課」、スポーツコーナー出演中。ラジオ／『夕刊Genaday』(毎週水曜日担当)、カープ中継・実況・ベンチリポーターなどを務める。学生時代はバスケットボール部に所属。高校時代は広島で開催されたインターハイ(全国大会)に出場。好きな言葉は「過去は運命、未来は可能性」。好きな食べ物はオムライス。趣味は読書、映画鑑賞、プロ野球観戦、ネットショッピング、スニーカー収集。特技は英語、中国語(日常会話程度)。中学生のときに3年間台湾で生活をし、中学校卒業とともに帰国。

アナウンサーを目指したきっかけ

基本的に、アナウンサー試験がスタートするのは大学3年生の春ですが、私は大学3年生になるまで将来のことをほとんど考えることができていませんでした。大好きなバスケットボールをして、アルバイトをして、友だちと遊んで、日々を楽しむことに精一杯。しかし、現実は甘くありません。周囲では少しずつ「就活」の話題が増え、就職活動用のアプリをみんな当たり前のようにダウンロードし始めました。将来のことなんて、今決めろと言われてもわからない……。そう思いながらもまずはここまでの人生を振り返り、自分の好きなことやワクワクするものを考えることにしました。そこで真っ先に頭に浮かんだのが、スポーツでした。父が体育教師だったこともあり、私はバスケットボールだけでなく、さまざまなスポーツ中継を観て育ちました。スポーツ好きの父の影響で、小宅家のテレビでは、夜は基本的に何かしらのスポーツ中継が流れています。サッカーや野球はもちろん、ボクシングにテニス、柔道、陸上などなど、思い返せば父の隣でたくさんのスポーツを観戦しました。大学生のときには、深夜0時からバスケットボールの国際試合を観た後に、そのままサッカーワールドカップの日本対ベルギーの試合を朝まで必死になって観ていました。そのおかげで、デートの日なのに寝坊をしてしまったことなんかもありました（笑）。それぐらい大好きなスポーツに一生かかわりながら、たくさんの人にスポーツの魅力、ドキドキやワクワクを伝える仕事がしたくて、アナウンサーという職業を選びました。入社してからもうすぐ2年が経とうとしていますが、今でも日々ワクワクしながら働いています。

ここまでやってきた仕事

入社してまだ2年ですが、色々な経験をさせていただきました！　アナウンサーといえばニュース読みや、スポーツ実況がメインだと思われがちですが（自分もずっとそう思っていました……）、それだけじゃないんです。現在、私の仕事のメインとなるのが、プロ野球中継のベンチリポーター、『イマナマ！』で木曜日に放送しているコーナー「旅する特命観光課」、ラジオ『夕刊Genaday』（プロ野球のオフシーズンのみ）などです。そしてつい先日、２０２３年の3月26日に、ずっと夢だったプロ野球実況デビューを果たすことができました。小学生のころから、毎晩、家でナイター中継をワクワクしながら観戦していた私にとって、自分の言葉で熱い試合を盛り上げ

られるなんて夢のようでした。ただ、デビューをして改めて本当に難しい仕事だということも再認識しました。まだまだ日々修業です。

横浜出身ってことは今もベイスターズファンなのか？

20年以上、地元（神奈川県）横浜で過ごしてきたので、小さいころから横浜ベイスターズ（現横浜DeNAベイスターズ）の試合を観て育ってきました。そんな昔からあこがれている「浜の番長」三浦大輔さんが、今、監督をやっているチームはとっても魅力的です。ただ、この2年間、広島で過ごしてきて、気づいたらいつのまにかカープの勝ち負けに、毎日、一喜一憂するほどのカープファンになってました（笑）。RCC社内でも、常にカープの話題が飛び交っています。ロケに出ていても、移動車の中での話題は昨日のカープ戦について。身の周りがカープの情報で溢れていて、それが心地いいです。横浜市関内にある横浜スタジアムもたくさんの思い出が詰まっていて好きですが、それよりもマツダスタジアムが大好きです。時々、実家にも帰りますが、広島に戻る新幹線の窓からマツダスタジアムが見えると、思わず「帰っ

てきたー」という安心感で笑顔になってしまいます。

大切なことはバスケットボールから学んだ

バスケットボールを始めたのは、小学校3年生のときです。少年野球のチームに入るか、バスケットボールクラブに入るかギリギリまで悩んだ結果、幼馴染の先輩、ゆうくんの誘いでバスケの道へ進むことにしました。ただ、野球への関心は捨てきれず、放課後は校庭でバスケをする日と、近所のグラウンドで野球をする日の半々でした。父から借りたグローブをボロボロになるまで使っていたのを覚えています。

小学校6年生になるころには、バスケットボールクラブでキャプテンになり、チームの点取り屋だった僕は、もっともっとバスケがうまくなりたいと思い、迷わず中学でもバスケを続けることを決めます。しかも、進学予定だった地元の中学校は激戦区神奈川県の中でもベスト8という強豪。上を目指して頑張ろうと胸を膨らませていたある日、父と母から衝撃的なひとことを受けることになります。「急なんだけど、来月から3年間、家族で台湾に住むことになった」と。これを聞いたのが卒業式を控えた3月。衝撃でした。理由は、父が海外の日本人学校で働くことになった

ためです。強豪チームで気の知れた仲間とプレーするはずだった未来が変わっただけでなく、たくさんの友達や、好きだった女の子とも突然のお別れ。ただただショックで、落ち込んでいる暇もなく、すぐに台湾での新生活が始まります。

入学したのは台北日本人学校。その名の通り、生徒も先生もほとんどが日本人です。教科書や学習内容も日本の学校と全く同じ扱いでした。ただひとつ違ったのは、部活動でした。もちろんバスケットボール部に入部しましたが、台湾の中学校とは別の扱いだったため、公式戦があるわけでもなく、みんなでバスケットボールを楽しもうという感じで、日本でいうサークル活動に近いものでした。1年生でスターティングメンバーとしてプレーしていましたが、このままだと中学校を卒業して日本に戻ったときに、全国大会に出る夢を叶えることができないんじゃないかと、不安になりました。そんなときに、母がある提案をしてきます。「強いチームに行って練習してきなよ」と、その言葉を受けて僕は厳しい環境に身を置いてプレーする決意をします。向かった先は自分が住んでいたマンションからバスを乗り継いで2時間半、遠い地域にある台湾ナンバーワンの実力を誇る永吉國中。中国圏では中学のことを國中と書くそうです。何の連絡もなく押しかけ、ここでバスケをさせてくださいとお願いすると、身長170センチメートルほどある女性の監督が「早くシュー

ズを履いて入りなさい」と、すぐに僕をコートに入れてくれました。部員は50人ほど。毎年、入部テストを通過した選手しかプレーできない名門校です。そんなチームの中で、自分よりも体の大きな選手たちと3年間ともにプレーしてきました。僕が中国語をほとんど理解できなかったので、チームメイトとの会話は基本英語。唯一の日本人である僕を輪に入れて、いつも支えてくれました。やる前は絶対自分にできるわけがない挑戦だと思っていましたが、その経験が今の自分を作ってくれたと思います。

中学を卒業して帰国した僕は、神奈川県の強豪、法政大学第二高校に進学します。理由はもちろん全国の夢を叶えるため。男子校か……と思いながらもバスケにすべてを注ぐつもりで入学しました。わかってはいたけど、さすがは全国クラスの強豪。部員は合計80人越え。各中学のエース級の選手が集まり、1年生のころは全くレギュラーに絡むことができませんでした。そんな中で、どうしたらチームにとって必要なプレーヤーになれるのかを考えながら練習を積み重ねました。結果スター選手になることはできませんでしたが、ベンチ入りを果たしました。僕は学生時代、バスケが大好きだったからこそ、常にどうすれば成長できるかを考えて行動できるようになりました。

これからは……

広島でＲＣＣのアナウンサーという職業について2年。いろいろな経験をしてきました。時にはマツダスタジアムで熱い野球中継の模様をお伝えしたり、またある時は早朝から県外に飛び出して、ドキドキワクワクするような観光情報を追い求めてきました。将来の目標は、まず野球の魅力をたくさんの人に感じてもらえるような実況アナウンサーになること。ＲＣＣには偉大な実況アナウンサーの先輩方が揃っているので、いつかそんな先輩方の背中を追い越していけるよう、常に上を目指していきます。それだけでなく、ラジオや情報番組の中でも失敗を恐れずに挑戦を続け、オールマイティに活躍できるアナウンサーを目指していきたいと考えています。僕の座右の銘は「やらない後悔よりやる後悔」です。悩んだら、まずは行動を起こすよう心がけています。縁もゆかりもない土地ではじまったアナウンサー生活ですが、ここまでたくさんの出会いに支えられてきました。いろいろな人とかかわり続ける仕事だからこそ、ひとりひとりへの感謝の気持ちを忘れることなく、これからも成長していけたらと思います。

わたしの自己紹介。

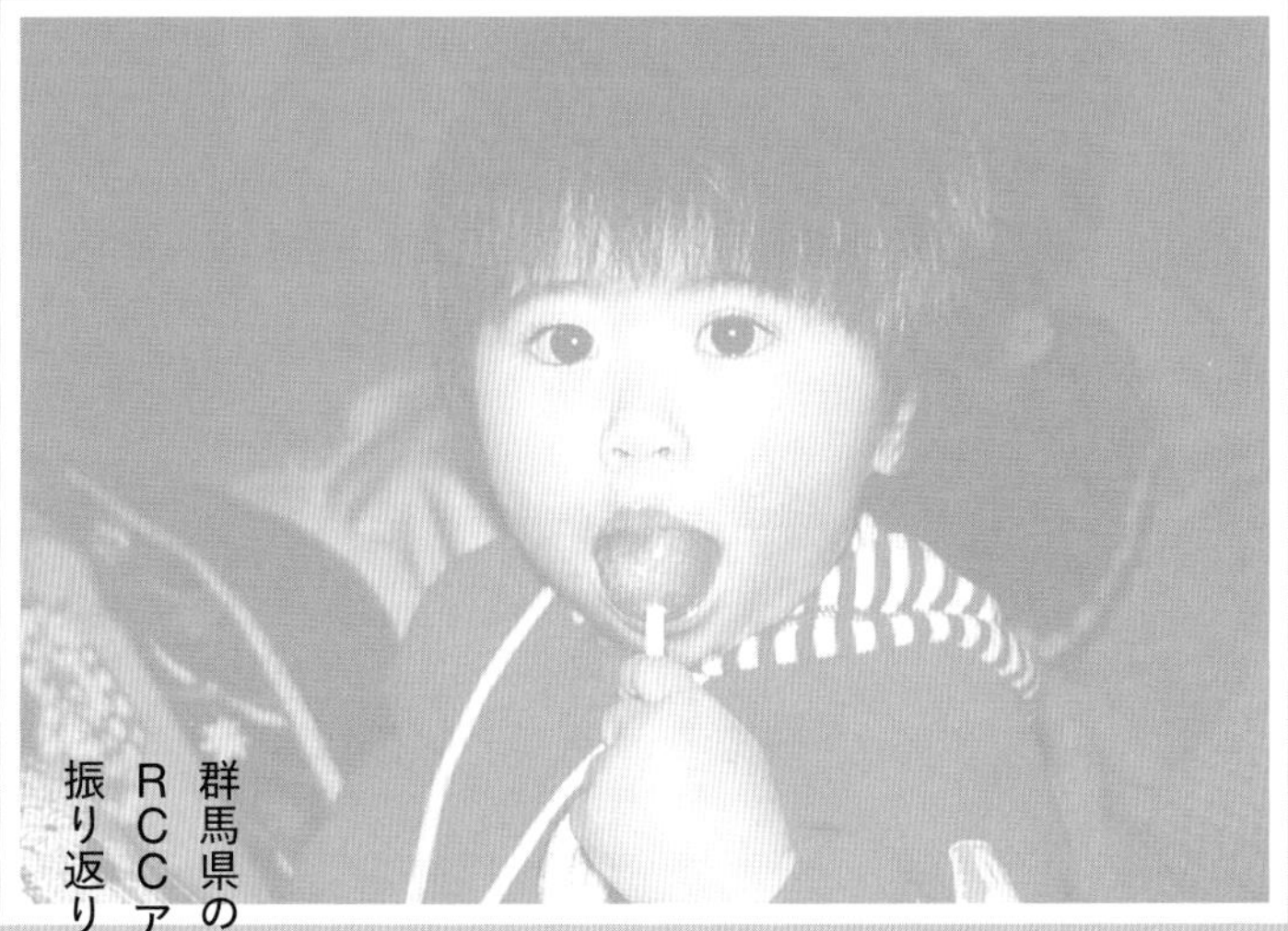

群馬県の山奥で育った私が、
RCCアナウンサーになるまでの軌跡を
振り返り綴ってみました。

唐澤恋花

Karasawa Renka

からさわ・れんか

群馬県出身。1998年11月12日生まれ。2021年RCC入社。テレビ『イマナマ!』(広島ハシゴ飯)、『DTMクラブ』、『アインシュタインの出没!ひな壇団』、ラジオ『マツダミュージックドライブ』『唐澤恋花のREN'S CHOICE』(月～土曜日)、『夕刊Genaday』(毎週水曜日)、『おひるーな』(おひるーなプラス)に出演中。

生い立ち。

1998年11月12日生まれ。群馬県の自然がとても豊かな村で、これでもかという程のびのびと育ちました。村にコンビニは1軒しかなく、電車は通っていません。しかし、四季の移ろいがきれいで、すれ違うと皆があいさつをする、あたたかい場所です。学校も村内に1校だったので、幼稚園のときから中学生までずっと同じメンバーで過ごしましました。今でもたまに会いますが、久しぶりでも謎の安心感があります（笑）。

幼い頃の私は、木に登ったり暗くなるまで鬼ごっこをしたりと、とにかくお転婆だったそう。両親からあまり咎められることはありませんでしたが、一つだけ口酸っぱく言われ続けた教えがあります。それは、一番大事なのは人間関係。仲間を大切にしなさいということです。これは今でも大切にしたいと心に刻んでいる教えです。

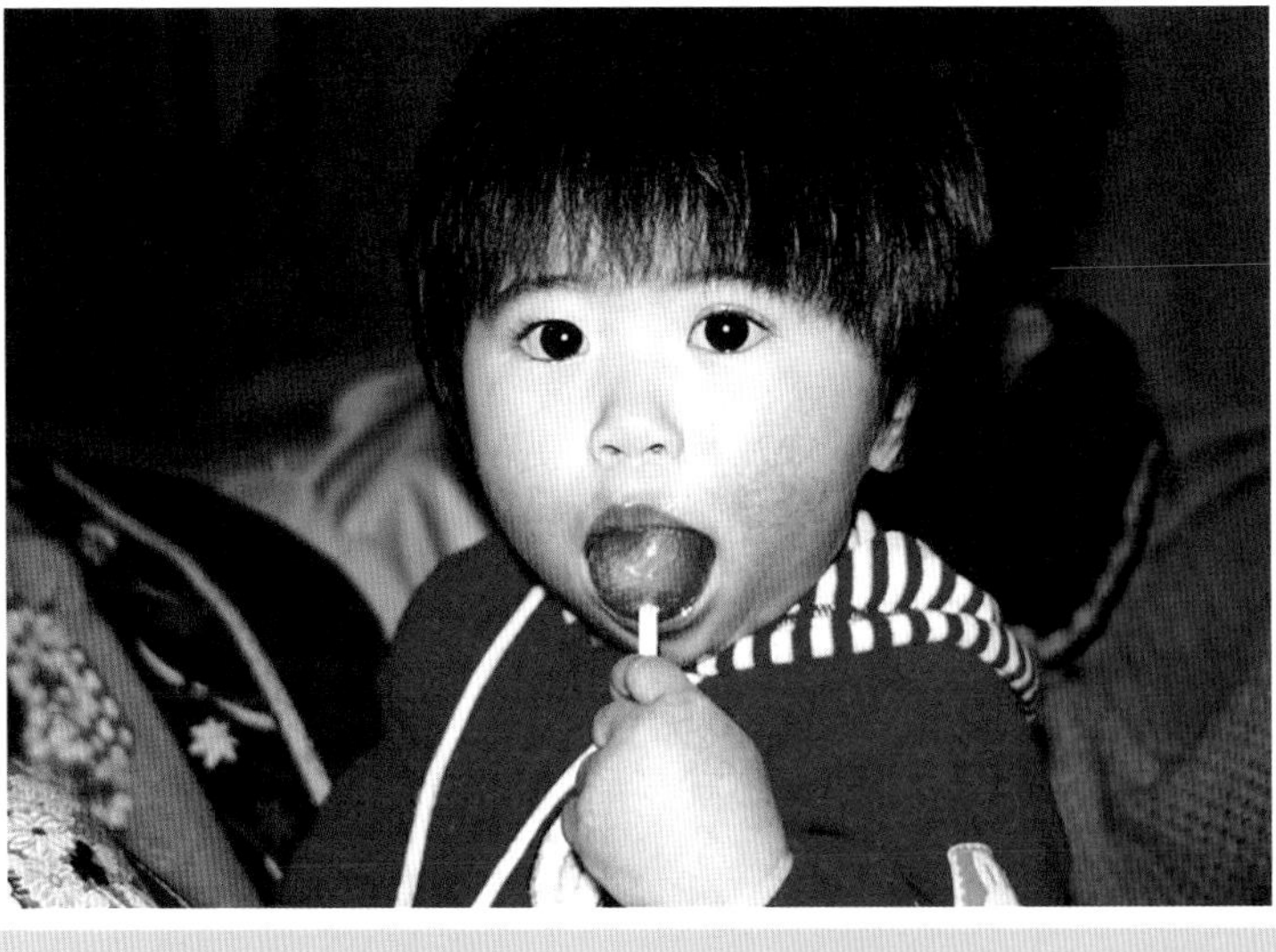

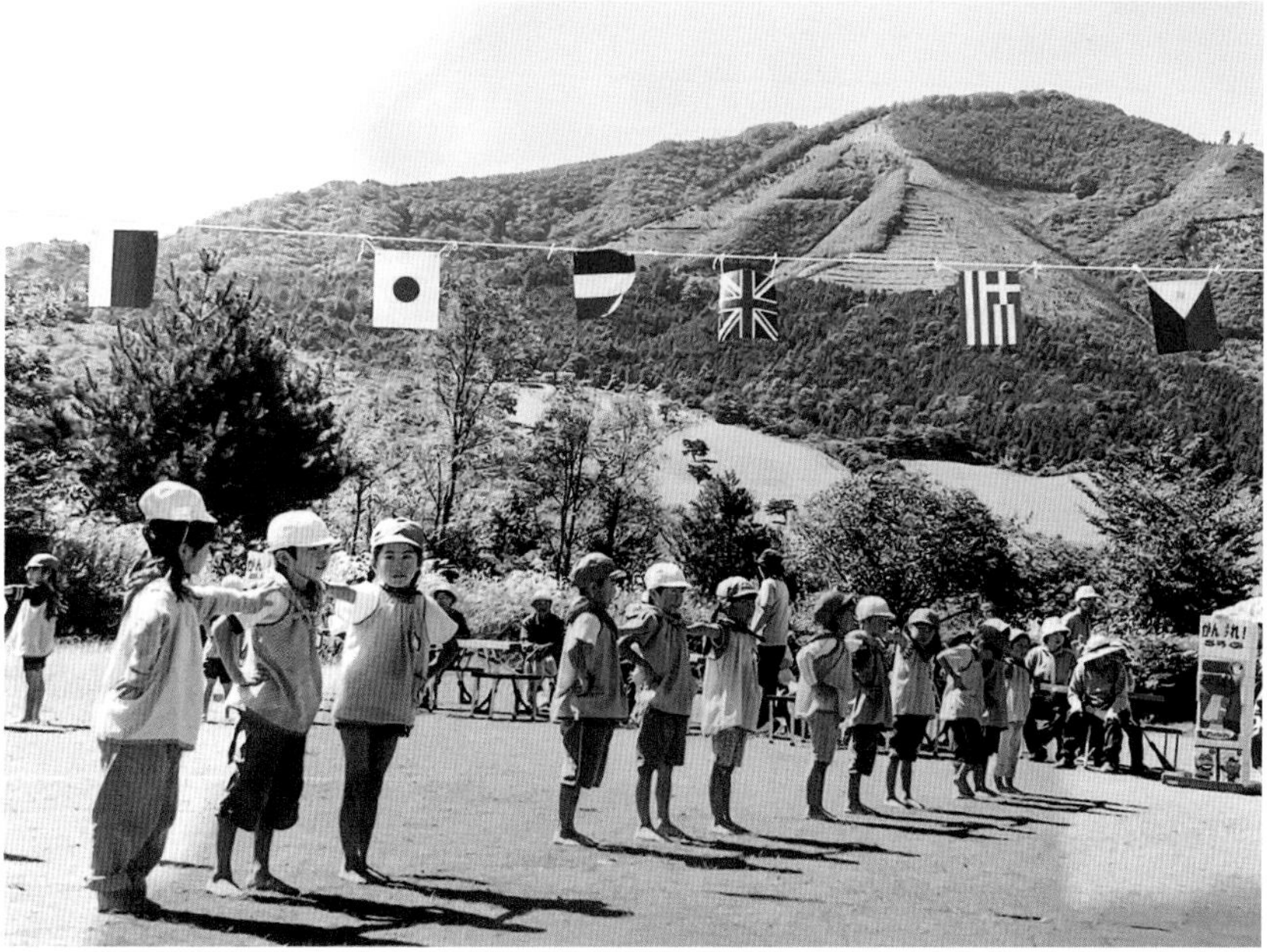

CLUNY

バスケ。

とにかく中学・高校生時代は部活ばかり。

バスケ部に入り、練習に明け暮れる日々でした。決して強いチームではありませんでしたが、練習は週6日と、がっつり。どうしても上手くなりたかった私は、家に帰ってからも自主練習をひたすらにこなしました。どんなに疲れていても絶対に走り、ハンドリングやフットワーク、ドリブル、シュートの練習セットメニューを自分で組んで続けました。部活と同じくらいの時間を使い、とにかく量だけは誰にも負けないようにしようと決めていましたが、結局私の目指していた〝ボールを持てば誰もが恐れるエース選手〟にはなれませんでした。しかし、そのときに培った継続力は今も生きていると思います。アナウンサーの仕事でも、日々の発声練習など、継続の大切さは痛感しています。

食べること。

「携帯電話のカメラフォルダは、ほとんど食べ物」といっても過言ではありません。

とにかく食べることが大好きなんです。一食もおろそかにしたくないので、どんなに出社が朝早くても必ず何か食べていきます。これは譲れません。常に「次何食べようかな」と考えている気がします。

特に一度ハマると同じものを暫く食べ続けてしまうので、今までに焼き芋、冷凍イチゴ、ジェラート、焼き鳥、カスタード、バウムクーヘンなどなどにハマり、毎日毎食、食べて主食になることも多々。最近はとうふ麺（ごま味）がマイブームです。

よくアナウンス部でも「いつも何か食べてるよね」と、先輩たちに言われます。最初はそうかなあ、と思っていましたが最近自覚し始めました。確かに常に何か食べています（笑）。

応援。

大学時代、ずっと憧れだったチアリーダー部に入部。見ている人を巻き込んで、自然と前向きにしてしまうパフォーマンスがしたかったからです。リズム音痴の自覚があった私には勇気の要る決断でしたが「やらない後悔よりやる後悔」がモットーの私は入部を決断。アメリカンフットボール、ラクロス、サッカー、アイスホッケー。さまざまなスポーツの試合応援に行きました。その度に、選手たちの歯を食いしばる表情や勝ったときのうれしそうな表情、精一杯チームのためにできることをするベンチの選手や応援席。会場の一体感と熱量に魅了されました。この経験から「この空間で仕事がしたい」「自分が何かすることで人に元気になってもらえる仕事がしたい」と思い、今につながっています。

広島はスポーツがアツい県なので、色々なスポーツを観戦に行くのが楽しみの一つです。

そして、実は今でも週に1回、チアダンスの教室で汗を流しています。

家庭科の先生。

大学では教育学部で家庭科の勉強をしていました。

被服や住居、食、家庭経済などの講義がありましたが、特に被服が好きでした。浴衣やシャツを作ったり。とにかく手縫いや地道な作業の連続。そんなコツコツ細かい作業をひたすら無言で進めるのは意外と好きです。夢中になっているとあっという間に時が過ぎています。今でも、休日たまに裁縫をする時間が楽しみです。

アルバイト。

とにかく色々なことに興味があった大学時代の私は、ファストフード店、トレーニングジム、レストランや花屋、パン屋に焼き芋の移動販売など。10種類くらいのアルバイトを経験しました。

お陰様で色々な世界を見ることができ、実際に働かないと分からないことってたくさんあるんだなと勉強になりました。例えば、本気マッチョのトレーニングや食生活。人気ファストフード店の取り組みやそれぞれのお客さんのこだわり。どれも新鮮で自分だけでは知ることのなかった世界を経験させていただきました。

河村綾奈／ふぉとりップ

Photo Trip

大好きな
カメラを片手に、
これまた大好きな
周防大島と尾道へ
プチトリップ。
写真と語り文章で
ご案内します♪

かわむら・あやな

1992年2月8日生まれ。広島市立舟入高校→広島大学法学部法律学科卒業。2014年RCC入社。小学校・中学校ではバレーボール部、高校時代は箏曲部に所属。趣味は、カメラ、スポーツ観戦、カフェを巡ることなど。

ふぉとリップ

／

周防大島編

祖父母が住んでいた周防大島は、
私が好きな町の一つです。
島独特のゆるやかに流れる時間が、
いつも私を癒やしてくれます。

嵩山(だけさん)の頂上・展望台から。瀬戸内の景色をひとり占めできますが、足がすくむほど高い!

島をドライブしていると、車を停めて写真を撮りたくなる場所がいくつも。

島にある『POWER BEACH』というカフェの2階には、海を臨む大きな窓があります！

幼いころから毎年のように訪れた海水浴場、サンシャインサザンセト。
いつもアメリカンドッグを買ってもらっていました。

5年くらい前に嶽山の展望台から撮りました。今は閉鎖されています。

(上)大島の海はとってもきれい。砂に擬態するような5センチくらいのハゼをひたすら捕まえ続けました。
(中)この写真にもそのハゼが何匹かいるんですが……よっ！隠れ上手！！！
(下)穴場の撮影スポット！蜂蜜専門店『KASAHARA HONEY』敷地内のブランコ！見える景色が最高です！

祖父母の家から車で3分くらいの老舗中華そば店です。行列ができるほど大人気。

ドライブに疲れたら、お寺に併設されたカフェで一休み。

幼少期の思い出が たくさん詰まった懐かしの場所

祖父母の家から車で3分くらいの場所に、大島の人ならほとんど知っているはず！ といっても過言ではないくらいの中華そば店があります。お昼時は行列ができるほど大人気。ご夫婦で経営されています。

店内は、ザ・昔ながらの印象です。すっかり古本となった少年漫画が並べてあったり、カレンダーや山口県の地図、「自衛隊募集！」などの色んなポスターが貼られていたり。年季の入った木製のテーブルと、丸太のような椅子に座っていただきます。

幼い頃から帰省の度に必ず食べた中華そば。いりこだしが優しく、厚切りのチャーシューがとろとろです。幼稚園くらいまでは、両親が頼んだものを取り皿に少しだけ分けてもらい、しっかり冷ましたうえで食べていました。でも今は一杯丸ごとペロリ。アツアツの状態でずずず〜〜っとすすれます。その瞬間にいつも「私も大人になったな〜」と感じます。ちなみに、我が家では中華そばと一緒におひなりさんも頼んでいました。このおいなりさんも絶品です！

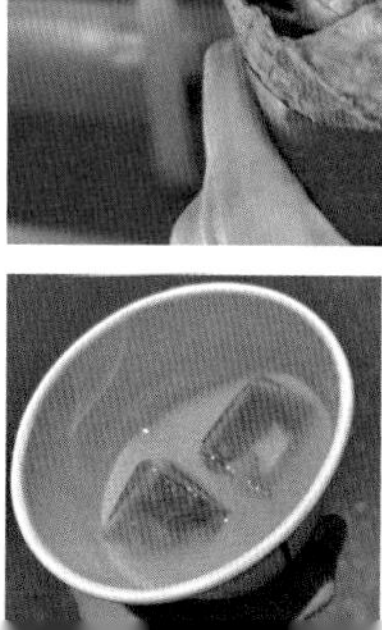

道の駅でおすすめのお土産は、みかん100%のジュースとジェラート！ テイクアウトもできます。

ふぉとリップ

尾道編

ノスタルジックな雰囲気が
魅力的な尾道には、
写真映えするスポットが
たくさんあります。
カメラ片手に散策すると
楽しさ倍増です♪

Photo Trip | ONOMICHI

本格的なスパイスを感じつつ、とっても食べやすいカレー！

初めての尾道滞在旅
改めて実感した尾道の魅力

２０２２年の夏休み、尾道へ行きました。何度も訪れたことはありましたが、宿泊するのは初めて。４日ほどぶらぶらしました。海沿いでゆっくりしたり、活版印刷を体験したり、猫に出会ったり、千光寺の風鈴祭りに行ってみたり。いっぱい歩いて、いっぱい迷いました。坂や路地に入り込むほど写真を撮りたくなり、魅力の深さを再認識しました。

もともと1年に1回はひとり旅で海外に行こうと決めていただけに、新型コロナウイルス感染症で旅行ができない日々は悶々としました。尾道でたくさん写真を撮れてとても癒やされました。これから国内・海外問わず、じゃんじゃん旅行に行きたいです！

カフェの柱にスマホを置いて自撮りしました（本当です）

ぼくのたてものがたり

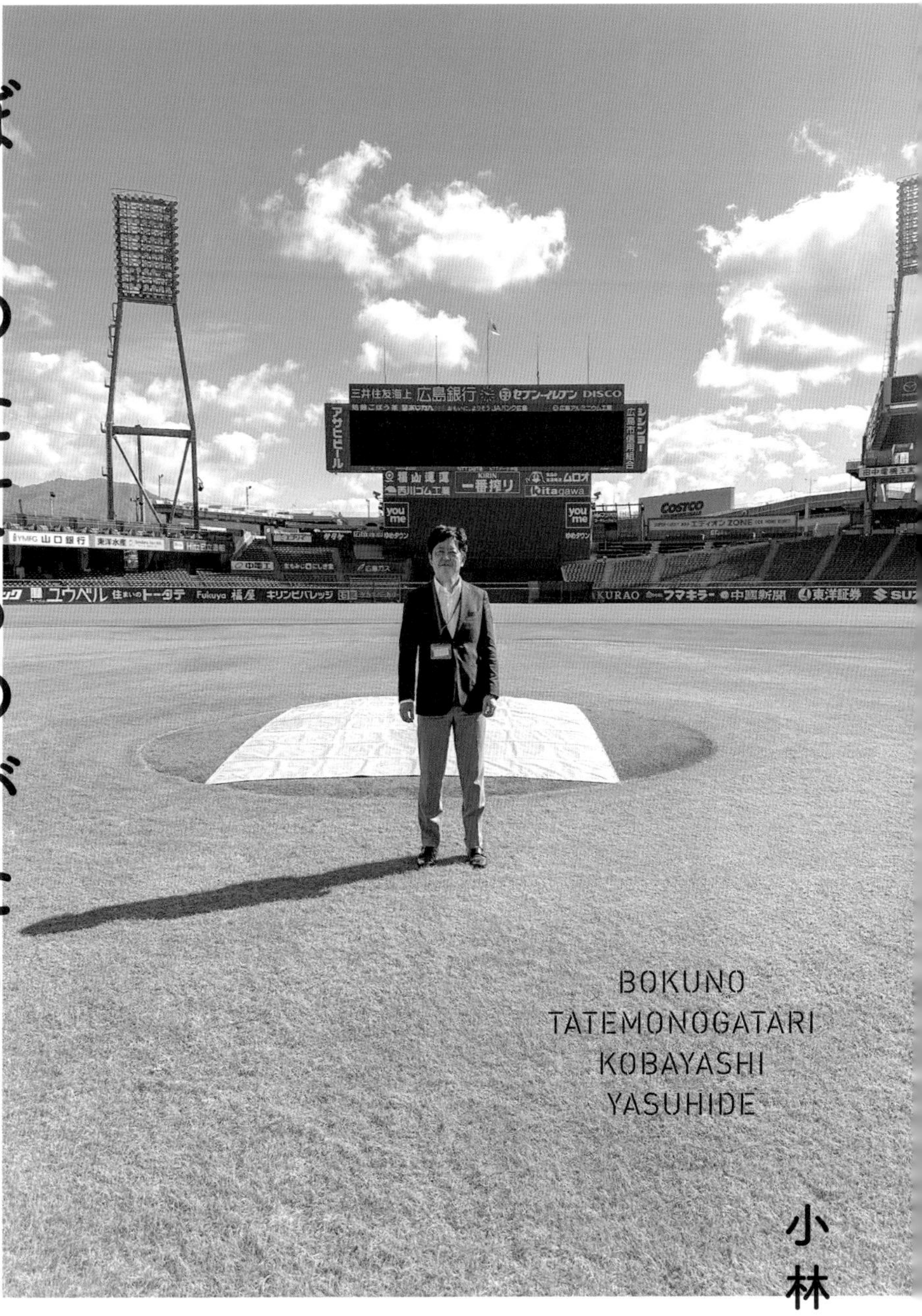

BOKUNO
TATEMONOGATARI
KOBAYASHI
YASUHIDE

小林康秀

こばやし・やすひで

広島市出身。ニュースキャスター。テレビ『イマナマ!』担当。まちづくり・救急医療・自動車業界など継続取材。

ぼくのたてものがたり❶

世界平和記念聖堂

報道の仕事に本格的に取り組むようになった2004年以来、さまざまなニュースを伝えています。取材のときには相手方を待つため「待機」する時間が長い場合もあるのですが、私は全く苦になりません。そこから見える街並み、その中にたたずむ建物をじっと見ているだけでいいのです。時間が過ぎるのを忘れてしまいます。建築家の名前とか、建築様式を詳しく知っているわけではありませんが、ただ、ぼーっと眺めているだけでいいのです。時が過ぎるのを忘れてしまいます。

私が初めてぼーっと眺めたのは幼少期です。眺めていた建物は、広島市中区幟町にある『世界平和記念聖堂』。すぐそばの幼稚園・小学校に通っていた私は、休憩時間、登下校のとき、よくこの建物を見上げていました。空まで届きそうな鐘楼。そして荘厳なたたずまいで、中に入ると広大でひんやりとした空気がただよい、何列も連なる木製の椅子の温かさで落ち着きをもたらす聖堂。

「この建物は原爆投下直後に、犠牲者への追悼と平和を祈るために、世界中から集められた資材や浄財で作られたんだよ」と先生から教えられ、このただならぬ雰囲気を醸し出す建物を見ながら、ただただ「すごいなあ……」とつぶやいていました。

建物の外壁を見ると、不揃いのレンガが目地もはみ出すほどに積まれていて、子どもながら「どうしてこんなに荒っぽく造られたのだろう」と疑問を抱いたものです。造ったのは昭和の名建築をいくつも手掛けた巨匠、村野藤吾。大人になっ

ステンドグラスはドイツやオーストリアなど4カ国の制作者により作られた。鮮やかな色を伴う光の差し込みが、祈りの空間の佇まいを荘厳なものにしている。2019年修復

聖堂内部。天井からは蓮の花の形に似た照明が。幟町教会で被爆し、原爆被害を目の当たりにしたフーゴー・ラッサール神父が国内外の支援を得て1954年に再建を果たした。国指定の重要文化財（特別に許可を得て撮影しています）

てから知ったことですが、レンガは広島の土を使い、あえて粗々しく作られたようで、仕上がりは人が作り上げた親しみが感じられるように作られたそうです。

そして忘れられないのが、幼稚園の行事でおよそ50メートルの高さの鐘楼の最上部まで上がって見た広島の街。今どきのビルがそびえる都会となった広島。でも終戦直後の聖堂完成時には、背の高い建物はほとんどありませんでした。空にそびえるこの建物が、被爆直後の広島の街に独特な存在感を放っていたはずです。

今、報道の仕事で取り組んでいるテーマの中に『広島の街づくり』を伝えることがあります。都心部や郊外の大型ビルなどの再開発を追って、広島の未来像を描く取材の原点は、もしかしたらこのときの経験があるのかもしれません。

幼稚園のころは、祭壇で演じられる劇をこの椅子から見ていたことを記憶している（特別に許可を得て撮影しています）

2022年秋から、マツダスタジアム15年目のシーズンに向けた大規模改修工事が行われた

ぼくのたてものがたり ❷

マツダスタジアム

私が報道の仕事で最初に取り組んだのは、市民球場の移転問題でした。

球界再編の動きが出てから、我が街広島のカープ球団を守ろうという声が上がり、チームの魅力をあげるために、球場を新しくしようという話し合いが始まりました。現在地で建て替えか、旧国鉄の貨物ヤード跡地への移転か？

正直なところ私は、現在地での建て替え派でした。平和公園のそばにある佇まいは、スポーツを通した平和を訴えるのに最も適していると思っていたからです。そしてもう一つ、今まで人が集まる地域でなかった場所ににぎわいをつくることへの不安があったからです。限られた予算の中で、魅力ある球場ができるんだろうか？というものでした。

有識者や関係者で話し合った結果は貨物ヤード跡地に決まりました。果たして不安は解消されるのでしょうか。

出来上がりを見て驚いたのが、90億円という限られた予算で魅力的な球場ができたということ。そこには、建設担当者によるさまざまな工夫が施されています。

最も注力されたのは観戦環境の改善。全席個別席でカップフォルダー付属となり、スタンドの傾斜も緩やかで、ゆとりある座席になったのは御存知の通り。左右非対称のスタンドの中には、砂かぶり席や寝ソベリアなどさまざまな観戦スタイルも提案され、広めにとられたコンコースなどのオープンなスペースには、球場が開場したあとも新たなアトラクションがつくられました。設計者がコンペのプレゼンで「球場に遊び心を」と話していましたが、コンセプト通り、年々魅力が増しています。

一方で、限られた予算内で収めなければならない工夫も随所で見られます。スタンドの上にある天井は、石膏ボードなどできれいに張り付けるのではなく、躯体や配管がむき出しのスケルトンにしたほか、バックヤードの壁や天井もシンプルなつくりにして、経費を抑えました。見えない所、気にならない所の徹底的なコストダウンによって、魅力的な仕掛けに予算が注力できたと思います。

8月6日はピースナイターを開催し、スポーツができる平和への思いを発信していますし、このような魅力ある拠点ができたことで、以前はやや寂しいイメージのあった広島駅周辺のにぎわいは、駅前再開発事業と呼応して大きくなっていきました。目まぐるしく変わる広島都心部をしっかりと取材しようと思ったタイミングでした。

そんなときに出会ったのが「アーキウォーク広島」の皆さんです。広島にある建物の魅力を伝えるために、毎年秋に、普段内部を見ることができない建物の見学ツアーを行っています。例えば基町の高層アパートや、旧陸軍被服支廠など。建物がつくられた背景や、設計者の思いなどを知ることで、ただ外壁を眺めていた建物も、愛着が湧いてきます。重要文化財でなくても、建物にはそれぞれ魅力があるという「建物の見方」を大人になった私に教えてくれました。

天井板を貼らずに予算削減。スケルトン天井は開放感が増し、あえてむき出し感に

ぼくのたてものがたり ❸

広島県庁

そんな中で最近気になっているのが、「広島県庁」です。昭和31年に造られた「ザ・お役所」的な造りで「古い！」というイメージがありましたが、最近、耐震化工事と共に内外装改修も行われ、完成当時の均整のとれた雰囲気が戻ってきました。南館などでは床を張り替え、天井を撤去し天井を高く見せるリノベーションを実施。照明の当て方なども変えて、これまでの暗いイメージが大きく変わりました。トイレや給湯室などもシンプルに機能的にして、予算を抑えながら引き続き使える形になりました。

正直、うなるような見どころがある建物ではありません（笑）。耐震工事前に建て替えを検討する議論もありましたが、積極的にこの建物を残そうという動きがあったわけでもありません。

でも一度、パセーラ側から県庁舎を見てくださ

本館が写真の左からまっすぐに伸びて、奥にある高層ビルの東棟と連なる

広めのエントランス。壁に一筆書きのような広島県が描かれる

県庁舎県議会棟の向こうに建設中のサッカースタジアム

ここでも天井をスケルトンにして開放感を感じさせる。配線を隠すシルバーのプレートが年代を感じさせる建物に近未来感を共存させている

い。本館から、のちに作られた高層の東館へ奥に伸びる直線。そして左は議会棟、右は南館への広がり。合理的、効率的に平面を存分に使った建物配置の妙。完成当時の新聞には「さながら大洋をゆく豪華客船」と書かれました。そんな目で県庁を見たら、戦後復興を支えた建物の佇まいを、味わうことができると思います。

専門的には無駄を省いた「モダニズム建築」というそうですが、新たな建て替えが進む中心部で、耐震工事をしたのであと20年弱でしょうか、戦後復興の息吹を感じられたらよいのではないでしょうか?

さて、県庁のそばではサッカースタジアムの建設が続くなど、中心部はさらに変貌をとげそうです。そしてまだまだ放送では伝えられませんが、さまざまな再開発計画がうごめいています。街並みに溶け込んだ、ただのハコにならない新たな建築物となるよう祈りながら、広島の街づくりを追いかけていきたいと思います。

読書論。

Sakaue Shunji, Reading Theory.

坂上俊次

さかうえ・しゅんじ

スポーツ中継では、カープ戦600試合を中心に各競技を幅広く担当。実況中継では、JNN・JRNアノンシスト賞優秀賞(04・06・19年)最優秀賞(20年)を受賞。現在、8冊目の著書『生涯野球監督・迫田穆成 最後のマジック』(ベースボールマガジン社)が発売中。2013年の『優勝請負人』(本分社)では第5回広島本大賞に輝く。また、今年、ラジオ番組『生涯野球監督 迫田穆成』の制作・取材で文化庁芸術祭賞大賞、放送人グランプリ2023優秀賞を受賞した。ちゅうごく5県プロスポーツネットワーク、コーディネーター、広島県ホッケー協会理事務める。

粗っぽい計算をやってみた。

「1分間に450文字×60分＝2万7000文字」

私が野球実況で1時間に発する文字数である。早口すぎる。そんな指摘もある。しかし、目の前のプレーを精緻に伝えようと挑むほどに、大量の言葉が短時間に凝縮されていく。動画も1・5倍速で見る時代だ。時代の流れということで、自らを弁護してみたくなる。

一方で、原稿を書くときは、1時間に1000文字程度である。喋り言葉の「27分の1」だ。ゆっくり言葉に向き合う時間が嫌いではない。文章を書くことは、言葉に対する「罪滅ぼし」的な要素も含んでいるのだ。書くという行為に、癒やしすら感じることがある。

幼少期から、「読書こそ善」という家庭環境で育ってきた。お小遣いはなくても、本代ならいくらでも親から与えられた。世界文学全集や図鑑の類は、1巻から最終巻までまとめて買い与えられた。祖父と散歩で書店に行くと、好きな本を買ってくれる。買ってくれた本に、図書券を挟んでくれていたこともあった。書籍購入の無限ループが仕組化されていたのだった。

予算要求において、上限なし。まさに、書籍は、私に与えられた唯一の「聖域」

私の母に書籍を買ってもらった孫たち

だった。だからこそ、本に頼って生きてきた。

実況描写は『金閣寺』（三島由紀夫）や『雪国』（川端康成）に学び、企画力は芥川龍之介に倣えばいい。太ったら、ダイエット本を読めばいい。お金に困れば、投資の本を読めばいい。その他、「声が良くなる本」「ファンの作り方」など、あらゆる打開策を活字に求めてきた。

実際の人生は、そうなってはいない。しかし、読書という「聖域」に身を置くことが、精神の安定につながっていることは確かだ。

しかし、私などを遥かに上まわる猛者がいた。バスケットボール広島ドラゴンフライズの司令塔・寺嶋良選手である。移籍が頻繁にあるのはBリーグの宿命だが、彼は、引っ越しにもこだわりがある。住居選びの決め手は、徒歩圏内に書店があるかどうかなのである。かつては、図書館の入っている建物の上層階に住んでいたこともある。オフにはブックカフェに通い、自宅には大きな本棚も持つ。一緒に書店に行くと、愛が止まらない。

「この小説の描写は最高です。この本を読んで、移籍を決断しました。さらには、このメンタルの本を読んで、フリースロー成功率が上がりました」

番組企画で、開店前の本屋さんを探索するロケをやったことがある。そこでも寺

書店探訪ロケでの寺嶋選手（右）と私

嶋選手の好奇心が爆発した。あらゆるジャンルの棚で足を止めては、豊富な知識で熱く語る。ついには、彼が薦める本が並ぶ「テラシー」の本棚なるコーナーも展開されるまでになった。

雑誌に連載を持ち、シーズンオフには図書館で「バスケットボール×読書」をテーマに講演もやってのけた。バスケット中継に向けてのインタビューでも、取材の後半は本の話になる。先日などは、２人で話し込むうちに、練習会場の体育館には誰もいなくなっていた。

今や、Ｂリーグを代表するポイントガードに成長し、日本代表の常連にもなった。それだけに、「読書の効能」には説得力がある。

読書の力を信じるだけに、本を書くことは私の夢だった。

明確なきっかけがある。20年前、会社のロビーで、広島カープの監督を退任し、ＲＣＣ野球解説者に就任した三村敏之さんが関係者と話し込んでいた。どうやら、カープ情報誌の内容や体制について話し合っているようだった。

当時のカープはＢクラスが続き、記事の内容には工夫が必要だった。もちろん、運営コストも潤沢ではない。余談だが、三村さんは、月刊誌であっても現場取材を疎かにしてはいけないと編集部にアドバイスを送っていた。しかし、宮崎県までキャ

私が幼少期に母や祖父に買ってもらった本（左）寺嶋選手が選んだ本が並ぶ棚（右）

ンプ取材に出向く予算はない。三村さんは、自家用車に編集部員を乗せ、キャンプ取材に連れていくこともあった。

さて、RCCのロビーである。

「あ、坂上くんが歩いている。彼に書いてもらおう」

「君は会社に入ったばかりだから、先輩ほど忙しくはないだろう。勉強だと思って、2000文字の野球についての原稿を書いてみればいい」。

こんなカジュアルなやり取りから、『アスリートマガジン』の連載が決まった。最初は、原稿用紙にボールペンで書いていた。原稿の書き方は、仲の良い新聞記者に添削してもらいながら学んでいった。しかし、カープ選手の話で2000文字なんて簡単に書けない。だいたい、そんなに選手の話も聞けるものではない。

実際は、すべて、三村さんに「おんぶにだっこ」だった。記事にする選手のチョイスは三村さんに相談する。文字数が足らなければ、三村さんに電話する。

「元・カープ監督の三村敏之氏によると……」は、必殺技だった。100文字でも2000文字でも簡単に増やすことができるからだ。

会心のヒットもあった。2003年オフ、三村さんから「嶋重宣（現・埼玉西武ライオンズコーチ）を取材しておくように」と連絡があった。投手として将来を嘱望されたが、野手に転向。しかし、一軍と二軍を往復する状態だった。野球センスは突出していたが、故障もあり一軍定着は果たせていなかった。

「え、僕の取材ですか？　いやいや、僕なんかのためにわざわざ練習場まで来なくてもいいですよ。こちらから出向きますから」

まだ若かった私は、そんな嶋選手の言葉を真に受けて、ロイヤルホストで3時間近く取材した。ドリンクバー代金の領収書をとったが、経費の計上の仕方すらわからなかったのも良い思い出である。

そこから、彼のストーリーが始まった。カープのヘッドコーチに就任した三村さんは、嶋選手をオープン戦からスタメンで起用。その打撃センスでことごとく結果を出し、プロ10年目にして首位打者を獲得した。「赤ゴジラ」旋風は社会現象になった。

気がつけば、嶋選手がニュースステーションに出演し、久米宏さんにインタビューを受けていた。ドリンクバーで3時間の人が、全国ニュースのメインゲストになる。文章を書くことから、究極の人生模様を見せてもらった。

連載はまもなく20年になる。その間に、『惚れる力　カープ一筋50年。苑田スカウトの仕事術』（サンフィールド）や『朱に交われば朱くなる　広島ドラゴンフライズ、逆境からの軌跡と奇跡』（秀和システム）など、7冊の書籍を発表する機会に恵まれ

2015年第5回広島本大賞を受賞した著書『優勝請負人 スポーツアナウンサーが伝えたい9つの覚悟』(2014年4月22日発売／発行：本分社)

た。『優勝請負人』（本分社）では、第5回広島本大賞の名誉もいただいた。

蜘蛛の糸。三村さんが好きな話である。もちろんベースは芥川龍之介の小説である。「人生は蜘蛛の糸。天から降りてきた細い糸に気づくことができるかどうか。その糸につかまって這い上がることができるかどうか」

小説のストーリーとは異なるところもあるが、三村さんは、この話が大好きだった。「嶋の活躍も蜘蛛の糸よ。10年目でやってきた糸を、つかんだよ。そして、よく頑張って這い上がったよ」

ステージや規模こそ違うが、私も同様である。ロビーで声をかけられた雑誌連載も蜘蛛の糸、嶋選手に注目するようにというアドバイスも蜘蛛の糸。目を凝らせば、他にも蜘蛛の糸はあるのかもしれない。

さて、私の母である。未だに、孫世代へ「読書教育」を施している。妹の長女は、買ってもらった大量の書籍を本棚にきれいに並べている。トイレへ向かう廊下には、本棚がズラリと並んでいる。もちろん、他の孫にとっても、読書に関する予算だけは、相変わらず「聖域」のようである。もちろん、私の母からの「資金援助」が源である。

逆境になれば、本を読む。悩めるときも、本を読む。体調を崩したときも、本を

第5回広島本大賞の小説部門で受賞された作家・周防柳さん(左)

読む。そう信じる限りにおいて、生きることに停滞はないと考えることができる。答えなど、あるはずはない。しかし、そこには、何かしらの「蜘蛛の糸」が見えるはずだろう。

まもなく、8冊目の著書が完成する。83歳にして現役高校野球監督でYou Tubeにも挑戦する迫田穆成さんの生き方に迫る。昭和・平成・令和、三つの時代を戦う迫田監督は、常に変化を続けている。野球界のみならず、他競技、他業界の知識も柔軟に採り入れ、チームづくりを進める。最近は、高校生とメールを駆使してコミュニケーションをはかっている。ラジオ番組では令和4年度文化庁芸術祭賞大賞（ラジオ部門）に輝いたが、書籍は、さらに膨大な時間をかけて話を聞き、とことん煮詰めた状態で活字にしていくつもりである。

いつもは早口でまくし立てるような実況描写でスポーツの動きをお伝えしているが、この原稿はゆっくりと言葉を吟味しながら書いている。

「ちょっとゆったり落ち着いて喋ろうかな」

そんな気持ちにもなってきた。年齢のせいか、読書の効能かは、定かではない。

7冊目の著書『眼力 カープスカウト 時代を貫く"惚れる力"』(2022年3月30日発売／発行：サンフィールド)

私が愛してやまないもの

田口麻衣

Sanfrecce & other things I love.

たぐち・まい

福岡県出身。自由気ままな息子３人と一緒に、日々ばたばたとやっています。高校時代は陸上競技部（中長距離）、大学時代はスキー部（ノルディック）、今は時々のジョギングと応援専門。ラジオ／『おひるーな』（毎週水・木曜日担当）、『Good Sound Music』（毎週土曜日）、『田口麻衣 no みみコミ』（毎週日曜日）。テレビ／『元就。』（ナレーション担当）、『ゴルフざんまい』（ナレーション担当）

私が愛してやまないものたち

23歳。入社2年目の春から夕方のニュース番組を担当することになりました。九州で育ち、東京の大学でさまざまな地方の方言に触れていた私は、アクセントさえまだ怪しい頃。一つ一つアクセント辞典で調べながらニュースを読み、そして取材して原稿にすることに悪戦苦闘していました。当時の私の取材先は、動物園や美術館、イベントごとなど、事件・事故や市政・県政のような担当はなく、いわゆる何でも屋さん。「さまざまなことをまず学びなさい」というわけです。

そんな日々の中で、私のスポンジ並みの吸収力と、好きになりやすい性格がより際立った気がします。美術館の取材に行って勉強するうちに、絵心もなく鑑賞するのも得意ではなかったはずなのに、美術館に度々出かけるようになり、お気に入りの場所に。神楽は、夜に時間を作っては熱い練習を重ねる様子、そして豪華で重たい衣装やお面などに触れるうちにすっかりとりことなり、神楽のあるお祭りに出かけたり、グッズを買ったりしていました。劇団四季を応援するようになったのも、取材がきっかけです。劇団四季の場合は、応援するだけでなく、アナウンサーには欠かせない日々の発声練習も四季式の「あいうえお　いうえおあ　うえおあい　えおあいう　おあいうえ」をまねさせてもらっています。大のお気に入りです。

そして、一番入り込んでいったのが、サンフレッチェ広島かもしれません。当時のニュース番組の中で、試合前の金曜日にはサンフレッチェのニュースを出そうということになり、私が取材に出ることになりました。初めて取材に行ったのは、西区の広島スタジアム（当時）。その頃はとがっていたある若手選手を目の前にして、緊張と不安で心臓の動きが服の上からわかりそうなほどドキドキしていました。この選手は年を重ねて、ストイックだけど穏やかな笑顔の似合う素敵な鉄人になられました。呉の郷原にあった練習場や、安佐南区のビッグアーチ（当時）にも出かけていたこの頃……実を言うと、私はサッカーのこと、サンフレッチェのことをそんなに知りませんでした。大学生の頃にJリーグが開幕して、友人たちとミーハー気分でヴェルディの試合を観に行っていたくらい。知識ゼロ。それでは取材もできないし伝えることもできないので、取材現場で他の記者さんやサンフレッチェの広報の方、コーチたちにともかくたくさん話しかけて、勉強させてもらったり情報を共有してもらったり……。地元での試合はできる限り行って、少しずつ学んでいきました。そうするうちに、気づいたら応援せずにはいられなくなっていたのです。インタビュー下手だけど、本当はきちんと答えようと一生懸命考えてくれている野生的で自分に正直な選手。いつも熱く温かく、ときに鋭い目で周りを見ている選手。実はとても熱い気持ちを穏やかさで包んでいる選手。一番印象的だったのは、夏休みにスタジアム観戦に来る子どもたちを喜ばそうと、職員総出で林にカブトムシを探しに出かけちゃうスタッフの皆さん！ なんとも手作り感いっぱいで決しておしゃれじゃないし、まさに泥臭いアイデアだけど、応援したくなりませんか？

ニュースの担当ではなくなって、しばらくは家族で観戦に行くサポーターの一人になっていました。おむすびと温かいスープとフルーツを持って、小さい息子たちとバックスタンドから応援。コロナ禍前のエディオンスタジアムのバックスタンドは、そういう応援も楽しかったです。この期間には2012年の初優勝もありました。優勝に向けて大事な一戦となる浦和レッズ戦を観るため、家族でさいたまスタジアムまで出かけた際には、帰りの飛行機が偶然サンフレッチェの皆さんと一緒になり、サンフレッチェのスタイをつけていた息子を見た当時の森保監督から「せっかくここまで来てくれたのに、不甲斐ない試合を見せてごめんね」と声をかけられました。この心配り、垣根の低さが、このチームの魅力だなとしみじみ感じさせられました。

そして、再び取材をするようになりました。今度の私の目標は「応援したいと思ってくれる人を増やしたい！　盛り上げたい！」というもの。そのためには、どんな人がプレーしているのか、人としての魅力を伝えようと考え、その方法を試行錯誤しました。お札トークをしてもらったり、選手に他の選手の人となりを紹介してもらったり。そんな中で、普段ふんわりとした笑顔が印象的な選手が、他の選手に「実は音痴」だと暴露されて、その反撃とばかりに「実は風邪ひきやすい」など、いくつもの仕返しの言葉を、まるで小学生のけんかのように並べ立て、意外な気の強さを垣間見せたこともありました。と、同時に二人の仲の良さもしっかりと伝わってきました。

また、普段鍛えている選手たちに自分の自慢の筋肉の写真を撮らせてもらうという企画もやりました。ふくらはぎや太もも二の腕……中には腹筋を見せようと思ったけど、どうやっても

青山敏弘選手の自慢の筋肉は、当時鍛えていたお尻。どうやって写真を撮ったら良いか試行錯誤している姿を石田アナウンサーに写真に撮られていました

ぽっこりお腹にしか見えず、「パンプアップさせてください！」とお願いされたことも。若い選手たちは、一見穏やかな人が多いですが、負けん気の強さはしっかり持っているのでしょうね。

2022年のサンフレッチェは、ドイツ人のミヒャエル・スキッベ監督を中心に、ものすごい一体感で勢いに乗りました。もちろん好不調はありますが、監督の正直で前向きな言葉を受けて、気持ちを引きずらない。自信を持っていきいきとプレーする若手、失敗を恐れず楽しんでプレーする中堅、自分の役割を考え、態度で示すベテラン。皆がチームのために一つになりつつ、それぞれが成長していっている様を見ていて、とても楽しく、また「多くの人に見てもらいたい！」と心底思っています。

実はそんな「一体感」は、取材陣の中にもあるのです。私が本書でサンフレッチェのことを書きたいですとお伝えしたら、記者さんたちや元選手の皆さん、サンフレ男子やサンフレ女子の皆さんが協力してくれました。

そこで……分母は小さいですが、ミニアンケートを実施してみました！

Q あなたが思うサンフレッチェの魅力って？

★**サンフレ男子編**…… 【1位】最後まで諦めない魅力的なサッカー 【2位】個性派集

団の一体感　【3位】真摯　**【その他】**かわいい仙田社長（?）、地元の誇り

★サンフレ女子編……【1位】雰囲気の良さ　【2位】育成の良さ、生え抜き選手の活躍　【3位】一体感　**【その他】**粘り強いプレー、かわいいサンチェとフレッチェ、スタジアムグルメ、選手の広島愛、イケメン選手が多い

★取材陣編……【1位】一体感　【2位】育成の良さ　【3位】攻め続けるサッカー　**【その他】**選手がピュア、前向きなスキッベ監督、7年から10年に一度強い、ほか

★元選手編……【1位】一体感　【2位】育成　【3位】仲の良さ、ファンサービス、人を大事にしてくれる、謙虚さ　**【その他】**サポーターが温かい、鹿の鳴き声がする練習場！

広島県安芸高田市吉田町の練習場にはきれいな天然芝が広がっています

2022年、すっごい一体感でYBCルヴァン杯優勝！

おまけ　サンフレの次に愛して止まないもの

ところで、私にはもう一つ、何よりも長い期間愛用しているお気に入りがあります。それは……タオルハンカチです。涙もろく汗をよくかく私には、ハンカチではすぐに湿ってしまって気持ち悪い！　そこで、いつの頃からかタオルハンカチを愛用するようになりました。生地にもこだわりがあるのです。しっかりと厚みがあり、吸収力の高いものがお気に入り。濡れた手をふいた後でも頬にあてられるくらい、といえばイメージできますか。今ではハンカチの5倍以上の30枚は引き出しにあります。服に合わせたり、好きな色でテンションをあげたりという役割も実は持っています。

あまりのタオルハンカチ愛に、２０００年に担当していたラジオ番組「西田篤史のらじキンギョ」では、麻衣キンタオルというグッズを作ってもらいました。手を洗う回数が増えてきた今、さらにタオルハンカチが愛される時代になるのではないかと、ひそかに楽しみにしています。

田村友里のロケ先で出会った
おいしい店を紹介！

たむログ

田村友里

たむら・ゆり

1996年生まれ。広島県呉市出身。2019年RCC中国放送入社。テレビ『イマナマ！』（コーナー「花よりガッツ」毎週木曜日）、『イマナマ！ワールド』（不定期）、TBSの朝の情報番組『THE TIME,』（列島中継）などを担当。ラジオ『ヨルノバ』（毎週月曜日）、『たむランド〜夜の図書室〜』（毎週日曜日）でメインパーソナリティーを務める。

はじめに

新人アナウンサーだった２０１９年10月、イマナマで自分のコーナーを持たせてもらえることになりました。その名も「花よりガッツ」。県内各地をアポなしで旅してまわり、地元の方との触れ合いを通して、まちの魅力を引き出すことがテーマです。が、ロケ先ではよく「食べるコーナーよね！」「田村さんにはなにか食べ物あげないと！」と言われます。私はよほど「食べる人」というイメージなようです。「劣化版の水トちゃん」と言われたこともあります。確かに、私は昔からよく食べるほうで、特に大好物の白米は毎食必ずおかわりしていました。そのおかげか、おいしそうに食べる姿に惚れ込んだというおむすびの会社からＣＭのオファーまでいただき、ガッツ米なるものも販売。あらゆる個性が仕事につながるのでアナウンサーって面白い職業です。

コーナー開始直後に、一時は体重が８キログラムも増加し、体重の増減が激しいことだけが悩みですが……テレビの向こう側にもおいしさがビンビンと伝わるように、私は今後も食べ続けます。

そして、今回は私がロケで出会った、本気でおすすめしたい名店の数々をご紹介しまーーーーす！

たむログ

たむログ①

RISTORANTE Thomas

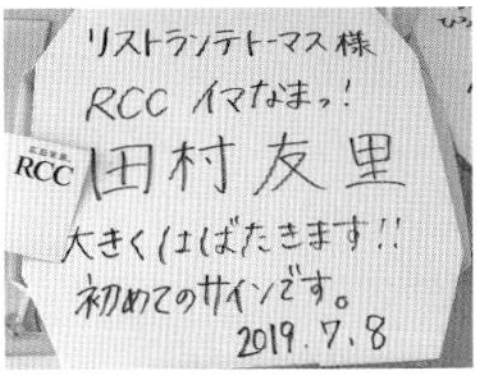

店舗情報

■住所：広島県廿日市市大野鯛の原672-1
■電話：0829-56-3456
■営業：11:00～15:00（ランチ L.O.14:00）
　　　17:00～22:00（ディナー L.O.21:00）
■定休日：火曜日 ※祝日・祝日前などは変則的になります。

初めて来店したのは、新人アナウンサーとしてデビューしたばかりの2019年7月。ロケに行くこと自体まだ2回目で、人生初のサインを書かせていただいた思い出の地でもあります。そして、3年弱の時を経て「花よりガッツ」大野編で再びお邪魔することになるのですが……思いがけない事件が。実はその直前、別のロケ先でお叱りを受けてしまい、自分の初々しいサインと増本シェフのお顔を見るなり大号泣してしまったんです。ちょうど入社4年目を迎える自分の実力不足に悩んでいた時期だったことも重なり、堪えきれませんでした。そんな私を見た増本さんは、ご自身の修業中の苦悩について語ってくださり、「泣いても食らいつきたいと思える仕事に巡り合えたことが幸せだよ」と温かい言葉をかけてくださいました。涙をぬぐいながら食べた名物のカキフライ。衣はカダイフを使っていて珍しい見た目ですが、サクサク食感と地元産カキの旨味がたまりません。パスタも前菜もデザートも、繊細でこだわりぬかれた逸品ばかり。悩んだときにはここに来ようと決めている私の原点ともいえるお店です。

たむログ②

タカちゃん

店舗情報

- **住所**：広島県廿日市市上の浜2-3-10
- **電話**：0829-55-3335
- **営業**：17:00〜25:00
- **定休日**：日曜日 ※営業時間・定休日は変更する場合あり。

二号線沿いの「焼肉・中華蕎麦タカちゃん」という赤い看板がずっと気になっていました。店主の中村隆司さんが奥様と50年近く営んできたお店で、なんと、２０１３年には某有名グルメガイドにも選出されています。とにかく中華そばが絶品。じっくり煮込まれた豚骨の甘味と醤油のコク……。毎回スープまで飲み干してしまいます。他にもおでん、焼肉も堪能でき、焼肉は秘伝のタレがまた最高なのです。

もともとは屋台で中華そばを提供したのが始まり。その後、古いバスを改装して営業し、約30年前に現在の店舗を構えたそうです。注目してほしいのが、お店の清潔感。厨房やコンロは銀色に光り輝き、てっきりリフォーム直後なのかと勘違いしたほど。実は隆司さんは、毎日閉店後に1時間以上かけて大掃除をしています。コロナ禍で営業できなかった期間も毎日お店に来て、お客さんが来る日のためにピカピカに磨き上げていたのだとか。その情熱と誠実さが、長く愛される秘密に違いありません。なんだか実家に帰ってきたような温もりを感じるお店です。

たむログ

逸品紹介 Part 1

逸品！

テルちゃんキムチ

テルちゃんこと平松輝子さんが作る絶品キムチ。かつて焼肉屋さんをしていて、評判が良かった自家製キムチを販売し始めたところ大人気に！　私のおすすめは孫の雄太さんが考案した「まるごとトマトキムチ」。

→販売情報

逸品！

霧里ポーク

加島ファームが手がける三次のブランド豚。田村の人生史上No.1の豚肉かもしれません。脂が甘くてずっと飲んでいたいくらい。ロケ中にもかかわらず、個人的に1万円分購入しました。おいしさの秘密はエサにパンの耳を使っていることらしいです。

→販売情報

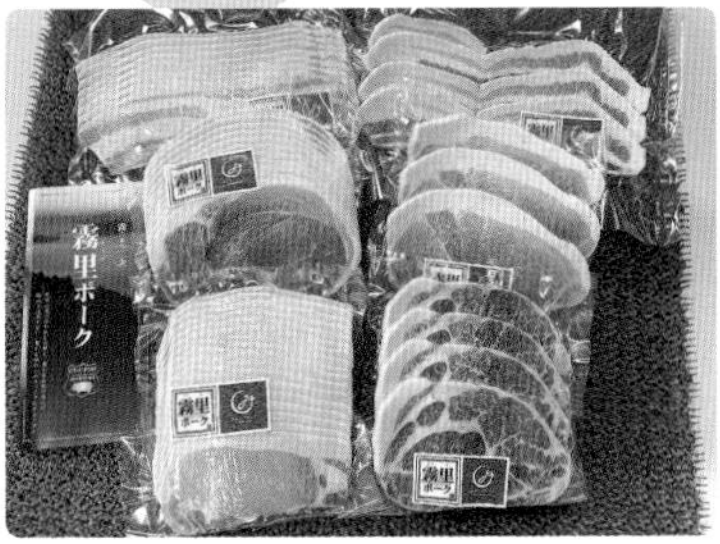

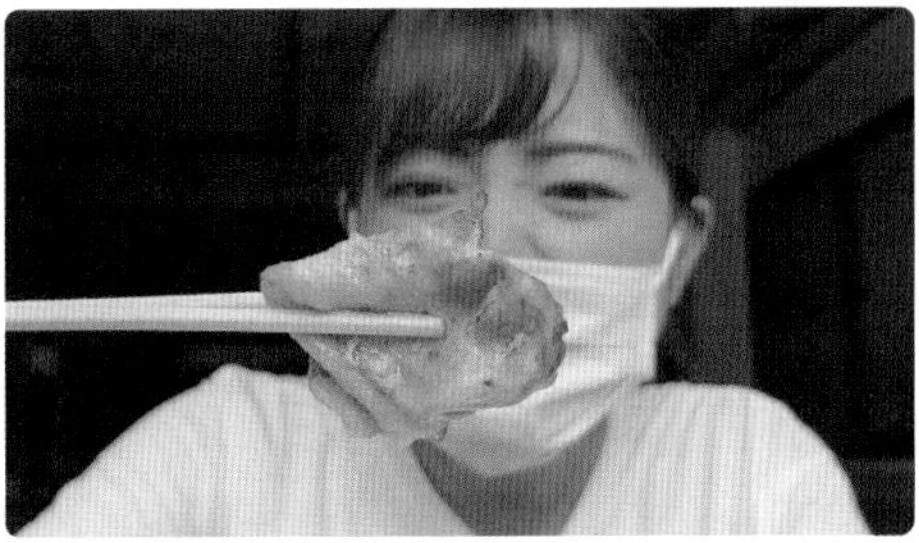

逸品！

よしわ有機農園 バター餅

一度食べたら止まらない、悪魔的なおいしさ。よしわ有機農園の石橋瑠美子さんから毎度大量購入しています。吉和で出会った強烈キャラ・アコちゃんのいる商店『nakazawa』でも販売中。9月から5月頃の期間限定商品です。

→販売情報

たむログ③

口福亭

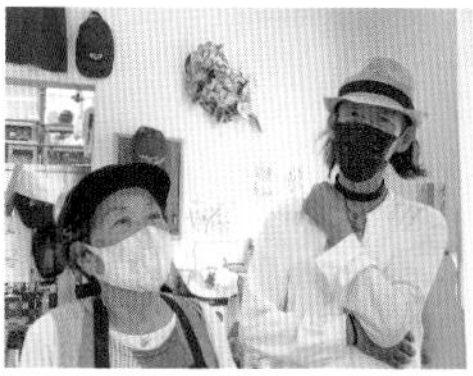

店舗情報

■住所：広島県三次市三良坂町三良坂5043-8
■電話：090-1353-5029
■営業：12:00～14:00
■定休日：火・水曜日

三良坂ロケの際、地元の方に「ぜひ行ってほしい！」と熱烈におすすめされました。外観はきれいな一軒家ですが、中に入ってびっくり。いかついネックレスを付けた、いかつい髪形のお兄さんが出迎えてくれました。店主の福谷勉さんです。実はこの方、ただのイケイケ兄ちゃんではなく、すごい経歴の持ち主。あの有名な「石庭」で料理長を務めたのち、高級クルーズ船「guntû」でも腕を振るった、まさに凄腕料理人なのです。地元でお店をオープンして３年目になります。

ランチメニューは、ウナギ、あなごめしの２種のみ。小鉢やお吸い物も付いたぜいたくなセットです。脂が程よくのったウナギは、ひとつひとつ丁寧に炭火で焼かれ、口に入れると驚くほどフカフカ。炭の香りとともに、うま味が口いっぱいに広がります。さらに、季節の食材を使った小鉢は、調理法にオリジナリティが溢れ、さすがは一流料理人！　こんな名店が三良坂にあるなんて知らなかった！　夜は、要予約でハモやフグのコースが楽しめます。

たむログ④

flower & cafe hanatojyo

店舗情報

- 住所：広島県庄原市東城町東城 133-1
- 電話：08477-2-3555
- 営業：10:00～17:00
- 夜BAR営業：金・土曜日 19:00～24:00
- 定休日：毎週日曜日、第２・第４月曜日

「花よりガッツ」ディレクター激推しのお店。ロケから3年以上経ちますが、Dは未だに「HANATOJYOうまかったな～」と口にしています。あのクールなDをそれほどとりこにしたのが、「kiki麺」。台湾から輸入してきたという珍しい麺で、お手製の挽き肉炒めがよく合う！ 異国のスパイシーな香りもありつつ、日本人が食べやすい味にアレンジされています。最後は、残ったお肉にご飯を入れて〆たら完璧です。

ちなみに、東城は「花よりガッツ」４回目のロケ地。まだ素人だった私を、店主の山岡翼さんと奥様の恵さんが家族のように迎え入れてくださったことを鮮明に覚えています。先日久しぶりにお店に行くと、「まだ麺すすれないんですね！」と突っ込まれました（笑）。ご主人は、もともと姫路で葬儀のお花を扱う仕事をしていましたが、地元東城でお花屋さんを開業するべく、関西出身の奥様を連れてUターン。せっかくなら地元をもっと盛り上げたいと、カフェも併設することに決めたそうです。調理は料理上手な奥様が担当！ お花に包まれた素敵なカフェ空間でぜひおくつろぎください。

たむログ

逸品紹介 Part 2

逸品！

相馬さんの牧場そだち

牧場長の相馬行胤さんはなんと旧相馬藩34代当主。本物のお殿様です。東日本大震災がきっかけで移住。現在は約40頭の牛を完全放牧し、搾乳は1日1回とストレスを減らすことで「奇跡の牛乳」を作っています。ヨーグルト、プリン、ソフトクリームもぜひご賞味あれ。

➡販売情報

逸品！

Agre Lore Lab. ネギ油

どんな料理にかけても、魔法のようにおいしさが倍増。騙されたと思って、玉子かけご飯に数滴垂らしてみてください！　開発者の藤谷祐司さんはもともと車のエンジニアでしたが、数年前に脱サラしてネギ農家へ。「かっこいい農家」を目指して新しい挑戦を続けています。

➡販売情報

逸品！

三原漁協 タコ天

太くて柔らかくてうま味が強い三原のやっさたこ。料理上手な組合長の奥様が天ぷらにして販売したところ、大人気商品に。薄造りや、生姜煮の缶詰も販売中です。ちなみに三原漁協の近くにある、うどん屋『おかめ』も超おすすめ。毎朝手打ちするからコシがすごいです！

➡販売情報

ゲームとパソコン。

寺内 優

幼少期から身近に存在していた「ゲーム」は、
コンピューターの進化により多様化……。
その歩みをともにしてきた日々をつづります。

てらうち・まさる
10月11日生まれ。大阪市出身。立命館大学経済学部経済学科卒業後、1983年入社。ニュースを担当。

駄菓子屋さんはいろんなゲームができる夢の場所だった

２００４年に『ＲＣＣアナ本。』という本が出ました。ＲＣＣアナウンサーのエッセイを集めた本ですが、このとき私の書いたテーマが「勝負師」。パチンコと競輪、競馬のお話でした。どんなときも「穴」狙い、負けても懲りずに「ワクワク」できることがストレス解消。仕事や現実から離れて自分の世界に入ることを書きつづっていました。

で、今回も「好きなもの」をテーマにと選んだのが「ゲームとパソコン」。悩んだあげく何十年か遊んできたゲームとパソコンが思い浮かんだわけです。役にたたない昔話、もしよろしければお付き合いください。

子どものころの一番の「ワクワク」イベントが「放出」というところにあったゲームセンターでした。親が買い物をしている間、足手まといにならないようにいくらか小遣いを持たされ遊んだのが最初。なんと楽しい場所があるものだと、それからお年玉やお小遣いが入れば直行していました。と言ってもスペースインベーダーが世を席捲する10年ほど前のこと。テレビ画面がついたアーケード型のゲーム機はまったくなくて、物理的な仕掛けでつくられたシンプルなゲームばかり。ほとんどがコインをパチンコのようにはじいて、斜めになったコースの途中の穴に落ちないようにゴールを目指すゲームや、ゲーム機とじゃんけんをして当たれば小さなお菓子が出てくるものなど、ＢＳフジの「ゲームセンターＣＸ」で出てくる駄菓子屋さんに置いてあるようなゲーム。今思えば幼い子ども向けでしたが、近所の空き地で集まってビー玉やメンコをしていた時代にまるで「異世界」と思うほどのインパクトでした。余計な話ですが、「放出」は大阪の地名で、「はなてん」と読みます。難読地名でクイズに出たりします。

クラブ活動の時間の大半をトランプに費やした青春時代

自宅でするゲームとしては、ご存知「エポック社の野球盤®」、タカラトミーの「人生ゲーム®」などが定番。最近のように友達が集まっても全員ゲーム機や携帯電話に向かって遊んでいるのとは違い、当然ながら友達の部屋でワーワーと騒ぎながら遊ぶもの。将棋やトランプも覚えました。友人のお父さんに将棋の相手をしてもらって、定跡も知らずただただ長考の末、手も足も出ずボロ負け。でも「じっくり考えるのはいいことだ。きっと強くなれるよ」と小学校二年のころに言われたことを覚えています。そのアドバイスは当たらずすぐにやめてしまいましたが……。

一方、トランプを一番やったのが高校時代。将棋と違って「運」が大きな要素になります。放送部で、同期が男ばかりの九人、一年生のときにはマジメにやっていたアナウンス練習も二年になって一年上の先輩が受験準備でクラブ活動に出てこなくなると、やりたい放題。クラブ活動の時間の大半をトランプに費やします。「大富豪」「セブンブリッジ」から始まり、どこからか「ナポレオン」「コントラクトブリッジ」のやり方を仕入れてきてさらに、エスカレートしていきます。私が部長だったので、誰も止めることはありませんでした。

大学時代は、スペースインベーダーが大流行。百円玉を台の上に置いて遊ぶ姿が今でも世相をあらわす画像として放送されますが、まさにその通りの風景がいたるところで見られました。アルバイト代をつぎ込み頑張りましたが、結局「名古屋打ち」をマスターできず、数分ももたず宇宙人に侵略されます。そのたびに百円が消えていくわけですから、出費がたまりません。それでも熱中すると自分を忘れるのは、今も一緒。この時期からいろいろな筐体がゲームセンターにあふれ出しました。

家庭用ゲーム機とパソコンでゲームに没頭する日々

社会人になった1983年。任天堂のファミリーコンピュータが登場。当初アクション系のゲームが大勢で、運動神経の鈍い身としては、とても買おうという気になりませんでした。が、それを変えたのが『ドラゴンクエスト』でした。RPG（ロール・プレイング・ゲーム）という種類で、プレイする人が主人公になって物語を読むようにいろいろな経験を積み、ラスボス（最後のボス）を倒すというもの。ストーリーを追ってレベルを上げていけば、時間はかかってもなんとかエンディングまでたどり着く、プレーヤーに優しいソフトでした。最初のドラクエはまだゲームの途中でセーブする機能がなく、中断するときには、ひらがなが延々とつづく「復活の呪文」をノートに写す必要がありました、やめるときに写し間違えて一日の努力が水泡に帰すのも、当時の「あるある」でした。

さて、ここからパソコンが話に加わってきます。ドラクエが日本でできる前に海外ではすでにRPGというジャンルのパソコンゲームがいくつも出ていました。ダンジョン（洞窟）を冒険するものや、フィールドを自由に動いて物語を進めていくドラクエの原型のようなものなど。のちに多くがファミコンにも移植されましたが、パソコンソフトの方が早く出回っていました。そんなゲームがやりたくて、無理してパソコンを買いました。ゲームをする機械として買ったわけです。

DOS／Vが出るのはまだ先、当時は各社が競ってそれぞれのパソコンを出していましたが、特にNECの98シリーズが広く親しまれていました。型番がPC9801から始まる一連の製品で通称「キュウハチ」。最初に買ったのはVXというタイプでした。ハードディスクがついているタイプは高くて手がでず、記憶媒体は5インチのフロッピードライブが二つ。5インチフロッピーはもちろん、のちに主流となった3・5インチのフロッピーディスクも、今では見たことのない人が多いかもしれません。ゲームもデータもフロッピーだけでなんとかなっていました。そしてパソコン用ゲームで最初に買ったのが名作『ウィザードリィ』。ワイヤーフレームで表されたダンジョンを冒険するというゲームです。「ワードナ」というラスボスを倒すのはそんなに時間はかからず、一巡目が終わります。ただその後、経験値をあげて強くなることや、レアアイテムを見つけること、その世界の中に入り込んで遊ぶのがこのゲームの楽しみ方。SF作家の矢野徹さんが書いた『ウィザードリィ日記』に、当時のパソコン事情も踏まえて、そのあたりが生き生きと描かれています。フロッピーディスクでゲームをするいいところは、自分のキャラクターが死にそうになると、急いでフロッピーを抜いて「読み込みエラー」にして逃げるという「ズル」ができること。タイミングが悪く、もし書き込んでいる最中に抜いたらパソコンが故障するかもしれなかったのですが、そんなことはお構いなし。高いパソコンより自分のゲームキャラクターの方が何倍も大事でした。

こうして家庭用ゲーム機とパソコンでゲームに没頭する日が始まります。RPGとシミュレーションゲーム、アドベンチャーも少しかじり、順調にゲーム生活を送っていきます。『ポートピア連続殺人事件』『ファイナルファンタジー』『A列車で行こう』『三國志』『龍が如く』などなど、熱中する日々です。

一方で、その後、ゲームのために始めたパソコンは使用範囲が広がります。ワープロ、表計算などいろいろな使い方ができることを知ります。一太郎、花子、三四郎と日本製ソフトから、世の趨勢はマイクロソフトに代わり、エクセル、ワードに、そしてインターネット。職場でのパソコン導入も含め、その進化は目を見張るものがありました。さらにパソコン自体をメーカー品より安くできるので自分で組み立ててみたりしたのもこの頃。「自作パソコン」というと、ちょっと通のように聞こえますがプラモデルを組み立てるようなもので、そんなにハードルは高くありません。そしてパソコンの設定や操作がうまくいかないときに何とかするのがだんだん楽しくなってきます。それ自体がゲームのように。ということでもう一つの趣味が「パソコン」になりました。結局、会社でも自宅でも、画面に向かっていれば自分の世界に没頭することができる、まるでゲームやパチスロ台に向かっているような感覚でパソコン画面に向かっているわけです。

『RCCアナ本。』(2004年)に掲載された性格分析

子どものように想像力を働かせ、自分の楽しい夢をみます。無邪気で子どもっぽく状況判断が苦手なので現実と想像の世界が入り混じってマンガのような局面が出たりします。(中略)他人からは時々変な目で見られることも？　感受性や想像力が強くアイデアはいろいろ湧きますが、リアリティに少し欠けます。

40代にこの分析を見たときには、まず「社会人の性格がこれでいいのか」と感じました。そしてまさかそこまで子どもっぽくはないだろうとも考えていました。ただ60も過ぎると「時々変な目で見られること」も「リアリティに少しかけること」もなんのその、画面の前で「自分の楽しい夢を」見ているのかもしれません。

CEBU ISLAND | INDIA | BRAZIL | IRELAND | GEORGIA | UZBEKISTAN | JORDAN

・NAKANE YUKI・WORLD TRIP・

中根夕希的 おすすめ旅

私にとって旅とは……「冒険」「発見」「刺激」。
いつだって自分の普段いる空間が当たり前ではなく、
いろんな考え方や文化、歴史、暮らしがある。
そういうものに気づかせてくれるから私は旅が大好きなのです。
でも、いろんな国へ行くけれど、結局、日本っていい国だなぁと思って
いつも帰国するんですよね^^!

中根夕希

なかね・ゆき

1991年生まれ。福岡県出身。2014年RCC中国放送入社。テレビ『イマナマ!』(水・木・金曜日メインMC)、『ゴルフざんまい』。ラジオ『平成ラヂオバラエティごぜん様さま』(水曜日パーソナリティ)。特別番組『おばあちゃんから私へ～あの日のヒロシマを辿る』で、2019年度JNNアノンシスト賞ナレーション部門優秀賞を受賞。

セブ島

CEBU ISLAND

大学の友だちと訪れたゆるり旅。エメラルドグリーンの海がきれいで、癒やされました！船で食事とお酒を楽しむナイトクルーズも満喫。大きく深呼吸をして「また仕事を頑張ろう！」と思える旅でした。

寝台列車!
2段ベッドになって
いました

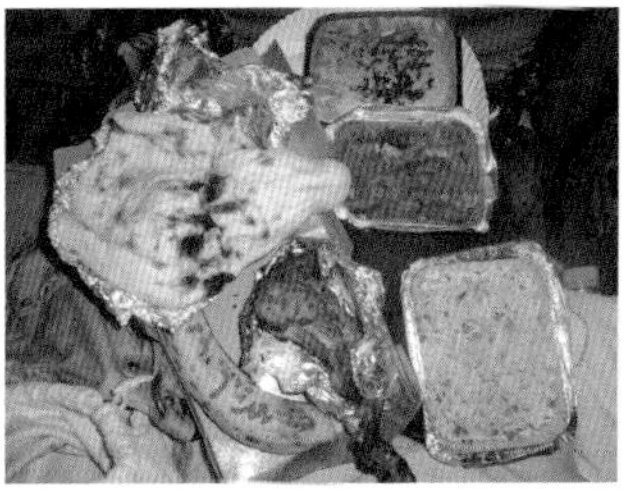

インド

INDIA

訪れたのは2010年。特にコルカタという都市では、街の人々からあふれるエネルギーを感じました。とにかく人が多く、それぞれの目に力を感じたのが印象的。ボランティアをしたマザーテレサハウスでは、学びがたくさんありました。寝台列車に乗ったり、カレーばっかり食べたりしたのもいい思い出!

この日から
シュラスコに

ブラジル

BRAZIL

飛行機をアメリカで乗り継いで、約30時間のフライト！まさに地球の裏側に来たようで、自然の規模の違いに圧倒される旅でした。特にイグアスの滝は、ほぼ３６０度、滝に囲まれている感じで、今までで一番感動した景色かもしれません！

アイルランド
IRELAND

大学4年の夏に、1か月の語学留学に向かいました。「TEMPLE BAR」というエリアにアイリッシュパブがたくさん並び、平日でもお昼からお酒を楽しんでいる人がいっぱい！　メイン通りには常に演奏や芸を披露している人がいて……。にぎやかな、明るい街でした。

Guinness®の工場見学！

アイリッシュパブが建ち並びます

オレンジワインを
堪能しました♥
Online Wine Shop

ジョージア名物
ハチャプリの
タイタニックサイズ
（笑）

ジョージア

GEORGIA

ワイン発祥の地！　そして、美しい教会が多数ありました。街からちょっと外れると、羊たちがたくさんいるような山岳地帯が広がり、自然豊かな国でした。何よりもジョージア料理がおいしい！　ヒンカリ、ハチャプリにシュクメルリなど……グルメ旅がおすすめです♡

ブルータイルが美しい♥
まさに「青の都」です

ウズベキスタン

UZBEKISTAN

「青」は私の大好きな色。そんな青の世界に思いっきり浸ることができて幸せでした♡　建造物は時代によって建築様式も変わり、詳しい方にとってはたまらないかと！（私はさっぱりでした……笑）　シルクロードの中間地点ということもあり、欧州と中華の文化が入り混じる感じが興味深かったです。主食は大きなパン！　どのレストランに行っても最初に出てきます。おいしいですよ！

ヨルダン

JORDAN

映画『インディ・ジョーンズ
最後の聖戦』の舞台にもなった
ペトラ遺跡

初めての中東でした。治安を心配していましたが、現地の方々はおもてなしの心を持つ、やさしい方ばかり。紀元前からの歴史を持つことから、今も貴重な建造物が数多く残っており、周辺国やヨーロッパからも多くの観光客が訪れていました。首都アンマンは古い町並みが広がる一方、近代的なビルが立ち並ぶ区画が印象的でした。

Yawa Camp

長谷川努アナウンサーの
ソロキャンスタイル！

長谷川努 やわキャン日和

はせがわ・つとむ

平成元年入社。スポーツ実況歴29年（1999年、佐々岡真司投手ノーヒットノーランを実況）。〈出演番組〉テレビ・ラジオRCCスポーツ中継ほか、テレビ「イマナマ！」（くうかんプロデュース）

「キャンプ大好き！」

と言うと会社の後輩に「キャンプするんですか？　イメージが違いますね。家で将棋でもしているのかと思っていました」と言われました。確かに「イマナマ」のリポーターをしたり、ニュースを読んでいる姿からはワイルドさはみじんも感じないと思いますよ。

実際、虫は苦手、枕が変わると眠れないタイプ。だからキャンプに行く時は虫よけスプレーは必須だし、以前子どもたちにプレゼントされた昼寝用の枕を必ず持っていく。

そう、私は通常のキャンパーのイメージとは対極の「やわな」キャンパー「やわキャン」なんです。

じゃあ「何でそこまでしてキャンプに行く必要があるの?」ともよく言われます。それは「焚火」。焚火の魔力に取り込まれてしまったんです。

キャンプを始めたのは25年ほど前。

うちの子どもと仲の良かった娘さんのお父さんがキャンプにハマっていて、ある日、二家族一緒にデイキャンプに行きませんかと誘われたんです。たまたま人から貰ったバーベキュー（以下、BBQ）セットがあったので、それだけを持って行ってみると、まあ楽しい。子どもたちはずっと笑って遊んでいるし、みんなとワイワイ食べるBBQは最高においしかったし、自然の中で遊ぶことの楽しさを実感して、私もハマったんですよね。

テントを買って、寝袋もランタンも購入して、休日はほとんどファミリーキャンプに行っていました。でも、子どもたちが大きくなるにつれて家族で過ごす時間も少なくなり、次第にテントもBBQセットも物置に眠ることに。

そんなある日、YouTubeを見ていたら、焚火の映像が私の目を捉えたのです。延々と火が燃えている画が続くだけなのですが、これがいい。何だか気持ちが落ち着いたのです。ファミリーキャンプに夢中になっていた頃は焚火なんてやったことがなかった私ですが、是非これは自分でも体験してみたいと焚火に憧れてしまったのでした。

まず妻をキャンプに誘いましたが、妻は完全なるインドア派。「子どものためだったら色々我慢できるけど」とのたまうので、これはソロで行くしかない！ と密かに決意を固めた私なのでした。

でも一人で行く前は、キャンプに行ったら時間を持て余すかな、ファミリーキャンプで来ている人たちから「寂しい奴」と見られないかな、などと色々考えておりましたが、全くの杞憂に終わりました。実践してみると楽しくて仕方ありません。

まずキャンプ場に到着したらテントを設営します。

キャンプを再開するに当たり、テントは色々と買ってしまいました。初期に買ったものはワイルド過ぎて、外の雰囲気をモロに感じてしまい、「やわキャン」な私は夜ドキドキして全く眠ることができません。自分が寝ているすぐそばを虫が歩いているなんて、絶対ムリ。でも探せば、さまざまな人向けに色々なテントがあるもんなんですねえ。現在、私が愛用しているのは、虫を寄せ付けないように加工してあるタイプ。蚊だのアブだのが寄ってくる心配が軽減されます。さらに前室にメッシュを引けばさらに虫を心配せず、キャンプ場の雰囲気を感じながら食事ができるのです。ネットでこのテントを見つけた時は狂喜乱舞、即購入しました。

テントの次は焚火台。これまた色々なタイプがあるのですよ。焚火をしたくてキャンプを始めたのですから、何としても納得のいくものが欲しい訳です。……結果よく分からないまま購入してしまいました。やってみないと使い勝手がいいとか悪いとか分からないんですよ。

さらにイス。今まで持っていたものが少し高めなので、焚火をするときに合わないのです。焚火をするときにしっくりとくるイスも購入。

そして寝袋も買い換えました。

　虫嫌いでさらに寒がりな私は防寒バッチリなものが欲しい。荷物になるのがいやだったのでコンパクトなものを探しましたが、防寒バッチリでコンパクトとなるとお値段が、た、高い！……まずは防寒バッチリでお手頃価格な寝袋を選択しました。予想外に大きかったけど。

　次はキャンプハンガー、アツアツのスキレットを直に置けるテーブルそしてバーナー、メスティン、コンテナまで……あれ、随分買い込んだなあ。妻から「お小遣いで買う分は文句を言わないけど、収納できるくらいにしておいてよ」と釘を刺される訳ですね。

　テントの設営が終わったら、焚火の準備。

　フェザースティック作りに取り掛かります。これ、やりたかったんですよねえ。この焚火の準備をしている姿だけが、私のキャンプの中で唯一ワイルドかもしれません。

焚火の準備ができたら、今度はキャンプ飯を作ります。食いしん坊の私は毎回何を作ろうかワクワクしてしまいます。ただ、家である程度下ごしらえはしていきますが、キャンプ場であまり凝ったことはできませんし、焚火では微妙な火加減もできないので、結果豪快な「男飯」(=大雑把な料理)が主流となってしまいます。

　ステーキをはじめ、アヒージョ、炊き込みご飯、さらには大好きなスイーツまで色々作りましたねえ。自分で作るんですから全ては自己責任。少々焦げていようが、ご飯に芯が残っていようが、文句を言う相手がいません。そう思うと、何でもおいしく食べられてしまうのです。

　ご飯を食べ終わったら、本格的な「焚火タイム」です。まず、ランタンに火を灯します。

　オイルランタンがいいんですよねえ。ちょっとした火の揺らぎが心を癒やしてくれます。

　ランタンに火を入れて夕闇が迫ってきたら、焚火台に薪をくべます。針葉樹と広葉樹は燃え方が違うので、私はまず火が付きやすい針葉樹で火に勢いをつけます。安定してきたら、今度は燃える時間が長い広葉樹を入れていきます。

　焚火って、とにかく薪をたくさん入れて勢いよく燃やしてしまってもいいのですが、私は適度に燃えるように、少しずつ木を加えていくのが好き。薪の入れるタイミングが悪かったり、入れる場所がよくなかったりすると火の勢いが急に弱くなったりするんです。その一方で、良きところで木を加えると、火がきれいに燃えたりするんですよねえ。適材適所……「人間も焚火も、同じなのか」なんて考えながら火を眺める時間が最高です。

普段の生活って、

どうしても効率の良さを求めるし、求められます。でもキャンプは180度逆。時間がたくさんあるのだから普通にやったらすぐできることも、慌てずじっくり時間をかけてやろうよ、というのが一番良いところ。めんどくさいことをめんどくさくやるのがいいんですよ……と言いながら「やわキャン」な私はライターで火を付けたりしてしまうんですが……。

相変わらずテントでは寝つきが悪く、獣の鳴き声や隣のサイトの方のいびきが気になったりしています。防虫スプレーは常に携帯。雨が降ろうものなら、我ながら滑稽なほどオタオタしてしまいます。何年経っても「やわキャン」ぶりは一向に変わりません。

でも普段時間に追われることが多い身としては、時計を見ることもなく過ごすキャンプは最高の癒やしです。ブームに乗った感は否めませんが、今の私には欠かせない時間です。

Fuchigami Saki

渕上沙紀の
お絵描きエッセイ。

番組や自身のInstagramで
披露している絵画。
幼少の頃から得意だという
絵を生かして、
ロケ先の思い出を
表現している渕上画伯。
今回は中でも思い出深い
エピソードを紹介します。

ふちがみ・さき

1994年生まれ。兵庫県西脇市出身。テレビ『イマナマ!』(火曜日「渕上沙紀のBUTSUBUISU」)、『ひな壇団』、ラジオ『平成ラヂオバラエティごぜん様さま』(火曜日)、『ショコラジ』など小さい頃から、家での遊びといえば「お絵描き」。新聞広告の裏に絵を描いて、おばあちゃんにプレゼントすることが一番の楽しみでした。

そして初めてできた将来の夢は「絵描きさん」。保育園年長のときでした。ある日の自由時間、私はいつものように画用紙に絵を書いていました。すると友達がやってきて、「さきちゃんの絵、かわいいね！　私にも書いて！」と言ったんです。その子のために夢中で絵を描き終えて顔を上げると、私にそこには行列が。みんなが画用紙を持って、私に絵を描いてもらうために並んでいたのです。

小学生の頃は漫画家になるための修業をしていました。漫画『キャンディ♡キャンディ』のイラストを真似してみたり、絵が好きな友人と漫画を作ったり。年に一度の校内お絵描き大会では、必ず賞をもらっていました。

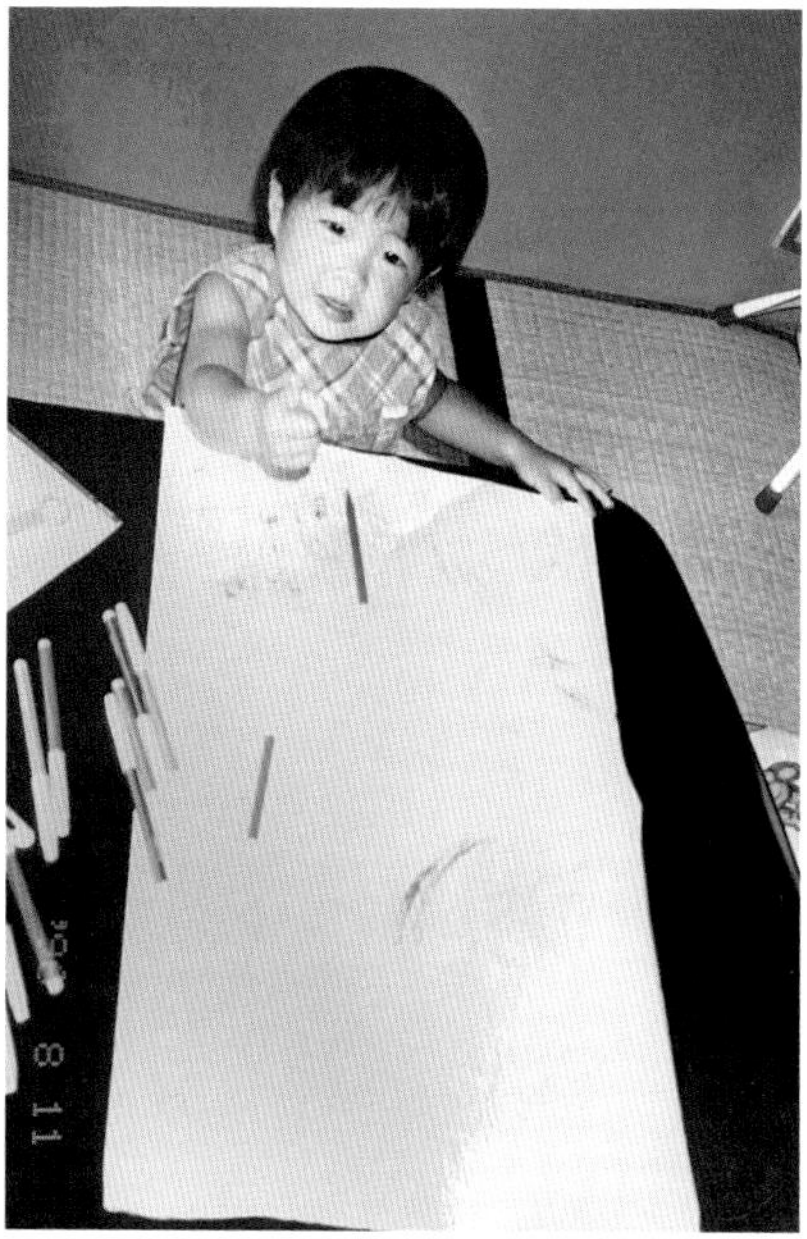

幼少の頃からお絵描きに夢中！

小学3年生の頃。本気で漫画家を目指します！

小学1年生のときに優秀賞を受賞

保育園の頃の絵

渕上画伯の絵画コレクション ①

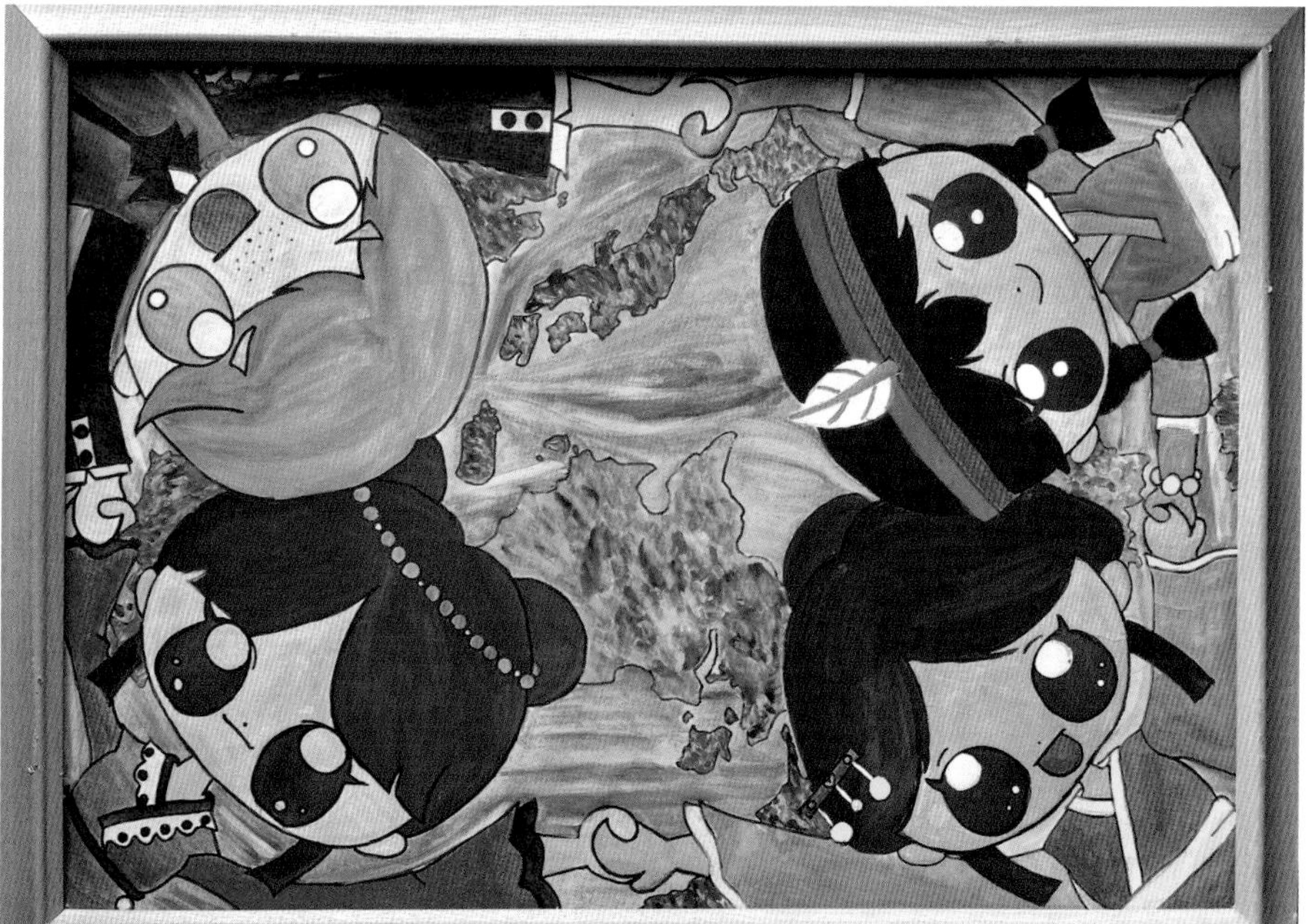

小学6年生のとき「第19回国際平和ポスター　会長優秀賞」受賞

しかし中学生になると、天才的に絵が上手な、隣のクラスのケイトちゃんが絵画大会で賞を総なめするようになります。自分の凡才に気づき、絵描きさんになる夢はあっけなく破り捨てました。それ以来、絵は趣味の範囲で楽しんできましたが、まさか仕事で絵を描く機会をいただけるとは！

私が担当する『イマナマ！』のコーナー「BUTSUBUSTU」では、わらしべ長者のように地域の方と物々交換をしながら、その土地の魅力を発掘します。「わらしべ長者」というように、最初の交換品はまさに「藁《わら》」。しかし、さすがに藁だけだと申し訳ない！　という思いから、その土地のイメージを絵に描いて、最初に交換してくれる方にプレゼントしています。また、物々交換を終えた後は、その土地で感じたことや出会った方々を思い出しながら、これもまた絵を描いてホームページに掲載しています。そうやってロケの思い出を絵に描いていると、その日に起こったことやお世話になった方々の顔が思い出され、広島をもっと好きになっていくのです。

好きな絵を通して人とのつながりができる。最高に幸せです！

思い出① 吉和のあこちゃん

ロケの後どうしてももう一度会いたくて、慣れない車を運転して訪れた吉和。会いに行ったのは廿日市市吉和のロケで出会った、あこちゃんです。会いに行く原動力になったのは、ロケの後にいただいた長文のお手紙でした。「数年前、体調を崩して病院に行くことになりました。不安でいっぱいの病院までの道のり、ＲＣＣラジオを聴いていると、その日『ごぜん様さま』に初登板した初々しい渕上ちゃんの声が聴こえてきたんです。不安な気持ちが少し明るくなって救われました。それ以来ずっと応援していたので、会えて本当にうれしかった」という内容に、今まで頑張ってきたことが全て報われた気持ちになりました。会いに行ったことがきっかけで、あこちゃんとはお友達に。素敵な出会いでした。ちなみに、絵の女の子はあこちゃんが作ったヤマザキＹショップのキャラクター、なか子ちゃんです。

思い出② 江田島の歌う理容師さん

衝撃的な再会をしたのは江田島市。以前のロケでお世話になっていた理容師の島本さんを訪問。お店に入り「すみませ〜ん」と呼びかけると、お風呂上りの島本さんが

一目ぼれした鞄を持ってスマイル♪

服を着る間も惜しんでお出迎えしてくれました（笑）。そのままどこに目をやればいいか分からないまま取材交渉。快く引き受けてくださったものの「私は何をすればいいですか?」の問いに、思わず、「まず服を着てください」と突っ込んでいました。そんな島本さんは理容師でありながら民謡音楽家でもあり、二刀流で活躍されています。リクエストすると、知っている曲ならなんでも歌ってくれ、理容室内に美声が響き渡ります。ちなみに、島本さんは民謡ユーチューバーとしても活躍されているので、一度覗いてみては?（ユーチューブアカウント @island1star）

思い出③　戸河内での運命の出会い

各地をロケしていると、ビビッとくる「運命の出会い」がたくさんあります。そのうちの一つが、今ロケで使っている鞄。出会ったのは、戸河内インターを降りてすぐのプチ・タムールというハンドメイドの鞄屋さん。店内にはオシャレなフランス産生地を使った鞄やポーチがずらりと並んでいます。広島ご出身のご夫婦が、ご主人の定年退職を機に始めたお店なのだそう。転勤族だったため、広島に帰ってくるのは約35年ぶりだそうですが、帰ってきて感じた戸河内の魅力や住み心地の良さをたくさん教えてくださいました。仲のいい、まさに理想のご夫婦。将来こんな風になりたい！　と思うご夫婦と可愛い鞄に一目ぼれした、戸河内ロケでした。

思い出④　布野のふち茶

三次の布野では麦をいただき、麦茶ならぬ「ふち茶」作りに挑戦しました。

まずは麦を干し、乾燥したら脱穀。麦をビニール袋に入れて麺棒で叩くと、勝手に皮が剥けるんです！一番大変だったのは、実と殻の仕分け作業でした。もみ殻の中から麦を一粒一粒拾っていきます。何百粒もの麦を拾うのは気の遠くなるような作業でした。しかし、仕分けができたらもう簡単！　フライパンで麦を炒ってはじけてきたらお水を注ぎます。すると突然、麦茶の香ばしい香りが！　麦茶ならぬ、ふち茶の完成です。かなり薄めの仕上がりでしたが、こんな初体験ができるのも、ロケの醍醐味です。

「ふち茶」、おいしくいただきました♪

お・ま・け

私の絵を一番喜んでくれるのが、おばあちゃん。
毎年お正月に実家に帰省したら、
その年の干支を描いてプレゼントしています。
額に入れて玄関に飾ってくれるので、少しプレッシャー（笑）。
小学生の頃から描き始めた絵を全て大切に保管してくれているので、
描いた絵を順番に並べると、少しずつ絵のタッチが変わっているのが分かります。
その中でも、お気に入りの絵をご紹介します。

渕上画伯の絵画コレクション ②

道盛浩

好きこそものの上手なれって言うけれど

HIROSHI MICHIMORI

年齢はベテランですが、腕前はいまだビギナー!!

みちもり・ひろし

1月24日生まれ。みずがめ座。ラジオ『バリシャキNOW』(月～木曜15:00～17:00)。入社年度はもう忘れてしまいました。以前はスポーツ担当。会社にほとんど来ない社員でしたが、今は行儀よく月～金の9時半出社です。

天敵、エイ！

広島って釣り天国ですよね。瀬戸内海に面して、中国山地があるから渓流もあり、高速道路を使えばすぐ山陰に行けるという素晴らしいロケーション。こんないいところないっすよ。で、最初に断っておきますが、釣りに興味がある方にとってこのコーナーが役に立つかというと、まずありません。そこだけは分かった上でお読みくだされ。経験を重ねて、これだけ腕が上達しましたっていうならともかく、ただの平凡なアングラーがどんな釣り人生を送っているのかという話ですから。

まずはなんで自分が釣りを好きになったかというと、これがよく分からなくて、全然覚えていません。初めて釣りをしたのは小学2年か3年の頃。当時、神奈川県は藤沢市鵠沼に住んでいまして、湘南ボーイだったのです。目の前が海なので、ハゼから釣り人生スタート。親に安いセットを買ってもらって江ノ島近くの川に行ったものの、リールの使い方が分からない。1投目で見事にバックラッシュ（ぐちゃぐちゃに絡まるヤツ）したのを今でもはっきり覚えています。でも、これにめげず友達とその後も釣りに出かけ、ついに初釣果が！　本土側と江ノ島を繋ぐ橋がありますが、その下あたりでウナギをゲット！　うれしくて家に持って帰り、飼うと宣言。まあ無茶するもんですよ、子どもって。ブク

チヌはたくさんいます

ブク（水槽のエアーポンプ）も使わずにケースに入れたんですが、次の日見たらえらいことになっていました。食べときゃよかった。

その後、京都に引っ越し、今度は琵琶湖で頑張りました。たまにでかい鯉が釣れたりしてうれしかったですねえ。なにしろ引きがすごいですから。釣った鯉はばあちゃんが鯉コクにしていました。美味しかったなあ。

中学生になると奈良に引っ越し、ますます鯉、フナにのめり込むのですが、この頃の魚で一番覚えているのはなんといっても雷魚！ 見た目のインパクトがすごくて、やっぱり家に持って帰りました。「飼う」と言ったらどえらく母親に怒られて、釣った池にUターンしました。その後、高校生、大学生では全然釣りをしなくなりました。他に興味があるものが出てきたり、釣り好きが周りにいなくなったので知らないうちに離れていたという感じです。

そしてRCCに入社して広島に来るわけですが、これが大転換点になりました。目標はスポーツアナウンサーで、他にも大阪、名古屋といろんな局を受けたもののあえなく撃沈。なんとか最後に蜘蛛の糸を垂らしてくれたのがRCC。いや、ほんとに危なかった。路頭に迷うところでした。感謝感謝。とはいえ、入社したらすぐ釣具屋に行って、なんてことはなかったのですが、社内で趣味

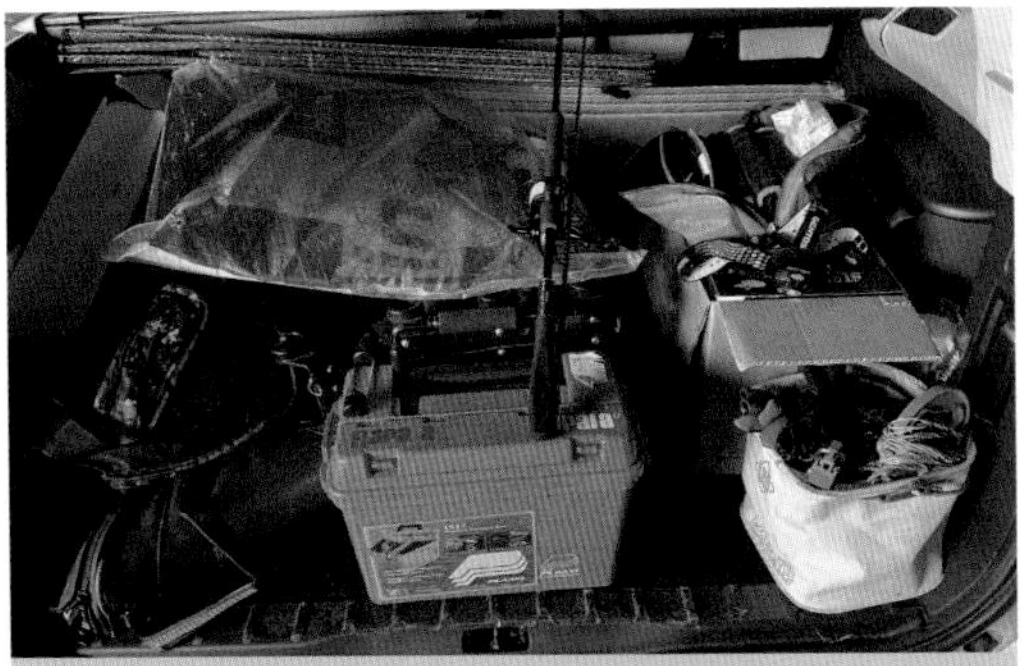

釣りに行く時の車内はこんな感じ

の話とかをしていたら釣りの話になり、スポーツアナウンサーの先輩、山本昭さんが「俺も釣りやるんだよ。今度行こう」と誘ってこられたのです。この一言がなかったら今はなかったです。確か道具は貸してもらったと思うのですが、チヌを釣りに行きました。大竹だったかな。釣れたかどうかはさっぱり覚えていませんが、とにかく面白かった！　初めてのフカセ釣り。撒き餌をして、ウキを見つめる。久しぶりに張り詰めた緊張感のある釣り。一発でハマりました。やっぱり釣り、面白い！

すぐに自分の道具を購入。夜釣りの時は暗闇に光る電気ウキが綺麗でね。水中にスッと消えていくのはたまらんかったです。冬はメバルがターゲット。今では考えられないくらいのいいサイズが昼でも夜でも釣れたものです。たまにアナゴが釣れて、仕掛けがぐしゃぐしゃになったりしたのも楽しかったなあ。

そして、うれしいのが食べて美味しい魚が釣れること。魚の調理なんてやったことなかったのですが、一人暮らしなのでやるしかないです。ネットもクックパッドもない時代、本買って必死でやりました。困ったのはアナゴ。目打ちして開かないといけませんが、自信がなくて断念。丸のまんま煮込んでかじって食べました。ごめん、アナゴさん。

自己最大記録のシーバス。でも80センチメートル届かず

とまあ、楽しい釣りライフを送っていたのがガラッと変わったのが30をすぎて結婚してから。新婚でいきなり一人で釣り行くのも気が引けて、そのうち子どももできたりすると、子連れで釣りするのも気が散るので行かなくなりました。

で、10年くらい遠ざかっていて、もう釣りをすることもないんかなと思っていた頃、ラジオの中四国ライブネットという番組で釣りを特集することになり、自分以外に釣り経験者がいなかったので行くことに。これがまたまた大転換点に。

この時の取材は、海のルアーフィッシングがメイン。加来匠さん、釣りの世界ではLEONさんでお馴染みのすご腕ルアーマンと一緒にメバルを狙うという内容でした。海でルアー？　てな感じで行ったら、これが爆釣！　もうびっくりです。もう人生で二度とメバルは買うことはないと思いました。

いくら名人と一緒とはいえ、10年ぶりの釣りが爆釣。しかもやったことがない釣り方で釣れまくるんで楽しいったらありゃしません。結局、20センチクラスが20匹くらい釣れたのかな。本番も楽しく終了し、眠っていた釣りの意欲が湧き出てきて、初心者用の竿とリールを購入。古いチヌ用の道具は売っ払い、

最近はあまり釣れないキスとハゼ

メバル用のモノへと買い替えました。その後、秋にはハゼやキスを釣り、しかもその時にスズキが偶然釣れてしまい、スズキ用のタックルを購入。さらにイカも近場で釣れることが分かり、という具合にどんどん深みにはまっていきました。

つまり道具がどんどん増えていくわけです。例えばルアーだと、いろんなメーカーから山程種類があって、しかもカラーバリエーションがあるんで底なしです。買わなきゃいいのですが、こういうのに元々弱い性格で、気がつけば一生かかっても使いきれないくらいの数になっていました。

まあ、こんなのは釣り好きにとっては珍しくもなんともない話で、もっと持ってる人はいくらでもいます。最近広島市内に、「釣具博物館」という個人のコレクションを展示する施設ができましたが、そりゃあもうすさまじいです。

でもある日、ふと思ったのです。釣りが趣味なはずなのにこのままでは釣具を買うことが趣味になっているぞ、と。釣り具に釣られとるぞと。買う暇があれば釣りに行けと。しかもなぜか道具が増えるにつれて釣れんようになってきたのです。まずは最近メバルが釣れなくなりました。二度と買わないと誓ったんで釣れるまで煮つけは我慢です。スルメイカもパタっと釣れなくなりました。

春のアオリイカ。釣るまで何年もかかりました

ハゼやキスも同じような感じです。年々結果は厳しくなるばかり。日本の海から魚が減っているということをよく聞きますが、確かに釣れない。

変わらないのはスズキ、つまりシーバスくらいですね。初めから全然釣れない。最初に偶然でかいの来たから楽勝と思っていたら、まあ甘くない。ほぼ毎週末やってますが、平均して1年に3、4匹。これはもう腕ですね。上手い人は一晩に10匹くらい軽く釣るらしいっす。なんじゃそりゃ。わけ分からんっす。誰か教えて。ボラとかエイとかはうじゃうじゃいるんですけどね。うまくいかんものです。でもエイとかがこんなにいるなら他の魚もいてもいいかなと考えて竿を振るだけです。

とはいえ、ここ何年かは竿を振ることすらままならない日が続きました。そう、コロナの野郎です。一人で釣りをする時には、そもそも他人との接触はほぼないので感染の可能性って相当少ないと思うのですけど、最初の非常事態宣言が出た時はそんなことが言える雰囲気ゼロでしたね。遠くに行くこともダメだったので、浜田や大島に行くことも当然アウト。いや、この時は本当に辛かったです。土日、どんなに天気がよくても、潮がよくても家にじっとしていると いうのはどうにもじれったかったですね。どなたもそんな毎日だったでしょう

めったにやらない船釣りで釣れたんで大喜び

が、うちの場合、子供2人がもう家を出てるんで、嫁さんと2人っきりなんで、そこもねえ。何しゃべればいいのかよく分かんないし、1日が長かったですね。もうあれには勘弁です。

その後はもちろん感染に気をつけながら釣りをするようにしていますが、最近はもっと大問題が発生してるんですよ。それは体力。確実に落ちてきています。以前は何時間立ったままで釣りしていてもへっちゃらだったのに、足腰がくたくたになってくるんです。餌釣りなら座ってやることができますが、ルアーはこっちから動く釣りなんで、なかなか座っていられないのがツラいところです。通勤は自転車を使っているし、釣りをしない時の休みの日は2時間くらいは歩くようにしてるのに全然カバーできてない！

そりゃ昔より太ってきているし、年も58で定年も近いし、こんなもんといえばこんなもんかも知れません。老眼も進んできて、ラインをガイドに通すのがツライ。夜に切れてしまって直すのは、さっぱり見えなくて時間ばっかりかかる。あー、これからの釣り人生、どうなるんだろう。ダイエットと体力のために走んなきゃいけないのか。とかなんとか悩んでいるようなフリをして、また釣具屋さんに行っていたりするんですけどね。皆さん、どうしたらいいですか。

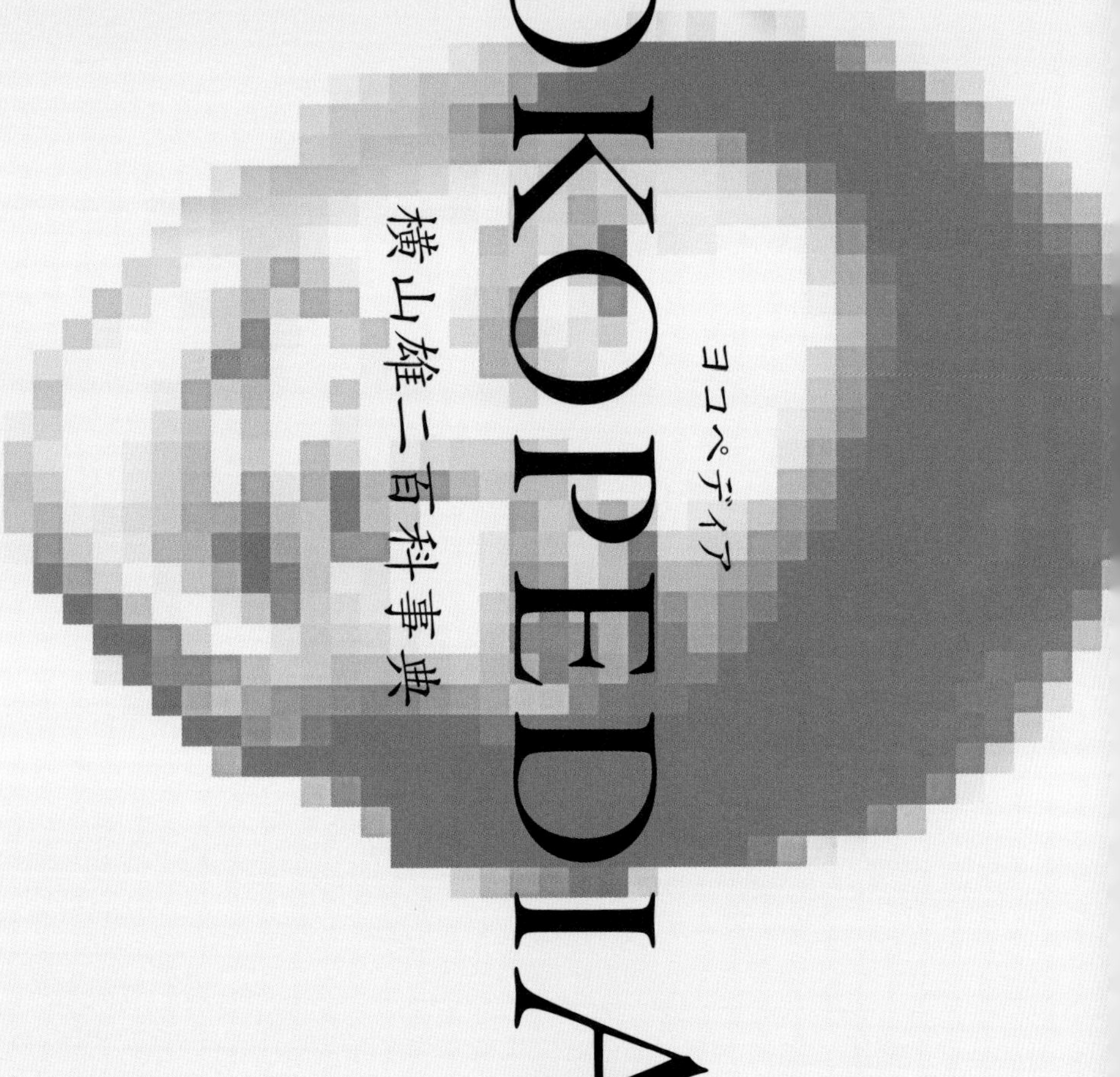

YOKOPEDIA

ヨコペディア

横山雄二百科事典

本を回転させて、この方向で読んでください

よこやま・ゆうじ

プロフィールは、次ページから
読むと詳しくわかります。

日本の出版・映画界のドン角川春樹さんは、こう言った。「横山は、本業のアナウンサーはもちろんのこと、俳優・映画監督・小説家・ミュージシャンといろんなことに挑戦するが決して器用貧乏ではない。どのジャンルでも、その道のプロよりも完成度の高い作品を作り上げ、しかも、トップセールスを叩き出す」と。うれしかった。RCCという会社に入って32年。「ひとりメディアミックス」にチャレンジし続け、会社にそっぽを向かれ、まさに地べたを這うように「表現の場」を自力で模索してきたご褒美のような言葉だった。

最近、日本全国のさまざまな番組に出演することが猛烈に増えた。それは、喋り手としてだったり、作家としてだったり、はたまた映画監督や俳優としてだったり。そのとき、取材先が出してくるネタのなんといい加減なこと。原因は曖昧な情報が網羅されている「ウィキペディア」を鵜呑みにするからだ。そこで、わたくし横山の章は自らが正確な情報を書き記す【ヨコペディア】を真面目に作ってみようと思う。これは、日本で放送業務がスタートした1925年から、間違いなく「最も商品を生み出した局アナ」の闘いの記録でもある。

人物・来歴

1967年3月29日生まれ。宮崎県出身。1989年（株）中国放送にアナウンサーとして入社。自ら出演のラジオやテレビ番組の企画を立ち上げる傍ら、映画監督、俳優、作家として小説やエッセイの執筆も行う。また、有吉弘行・劇団ひとりとバンドを組みTBS系全国ネット『うたばん』にミュージシャンとして出演。吉川晃司のアルバム曲『Fame & Money』の作詞なども手掛ける。2011年から東日本大震災復興支援ライブ『ヨコヤマ☆ナイト』を開催。現在までに宮城県石巻市などに2800万円を越える義援金を送る。2022年11月には脚本・監督の映画『愚か者のブルース』（主演・加藤雅也）が公開。ロンドン国際映画祭で佳作に選出。フランスのニース国際映画祭では最優秀長編外国語映画賞ほか3部門にノミネートされる。

監督作品『井川遥～ひと夏の記憶』『浮気なストリッパー』（主演・矢沢ようこ）など。

出演映画『Mr.インクレディブル』（声優）『男たちの大和』『ラジオの恋』『孤狼の血』『カツベン！』『みをつくし料理帖』など。

出版『横山の流儀』『生涯不良』『ふるさとは本日も晴天なり』『アナウンサー辞めます』ほか。

受賞歴／アナウンサー

- 全日本選抜トークダービー・グランプリ（1989年）
- JNNネットワーク協議会・協議会賞（2002年）
- JNN／JRNアノンシスト賞テレビフリートーク部門グランプリ（2006年）
- 第52回ギャラクシー賞・DJパーソナリティ賞（2015年）

・日本民間放送連盟賞・ラジオ生ワイド部門最優秀賞（2019年）
・JNN／JRN アノンシスト賞ラジオフリートーク部門優秀賞（2021年）
・日本民間放送連盟賞・ラジオ教養部門優秀賞（2021年）
ほか多数。

受賞歴／映画

・『ラジオの恋』シネマベルデ映画祭（アメリカ）観客賞（2015年）※主演映画
・『シネマの天使』モンテルーポ・フィオレンティーナ国際映画祭（イタリア）最優秀作品賞（2016年）
・『彼女は夢で踊る』マドリード国際映画祭（スペイン）審査員賞（2020年）※プロデュース作品
・『愚か者のブルース』ロンドン国際映画祭（イギリス）佳作（2022年）※監督作品
ほか多数。

出演映画

・『ミナミの帝王パート13～リストラの代償』（萩庭貞明監督）
・『F』（金子修介監督）※松竹配給
・『マヌケ先生』（大林宣彦総監督）※PSC配給
・『19 NINETEEN ～LAST TEENAGE SUMMER～』（小松壮一良監督）※テレビ映画
・『Mr. インクレディブル』（ブラッド・バード監督）※ディズニー配給
※2004年・アカデミー長編アニメーション作品賞

・『ヒナゴン』（渡邊孝好監督）※ビデオプランニング＆シネマ・クロッキオ配給
・『核のない21世紀を』※語り：吉永小百合、ナレーション：横山雄二
・『ちゃんこ』（サトウトシキ監督）※ティ・ジョイ配給
・『男たちの大和』（佐藤純彌監督）※東映配給
・『ラジオの恋』（時川英之監督）※アークエンタテインメント配給
・『浮気なストリッパー』（横山雄二監督）※FAVFAV配給
・『シネマの天使』（時川英之監督）※東京テアトル配給
・『スマイルタウン平野町』（時川英之監督）※ネット配信
・『孤狼の血』（白石和彌監督）※東映配給
・『彼女は夢で踊る』（時川英之監督）※アークエンタテインメント配給
・『君がいる、いた、そんな時。』（迫田公介監督）※とび級プログラム配給
・『カツベン！』（周防正行監督）※東映配給
・『みをつくし料理帖』（角川春樹監督）※東映配給
・『孤狼の血 LEVEL2』（白石和彌監督）※東映配給
・『愚か者のブルース』（横山雄二監督）※アークエンタテインメント配給

監督映画

・『いつも、こころに…』（8㎜作品）（1986年）
・『ホワイトラビットからのメッセージ』（8㎜作品）（1986年）
・『ネムレヌ、ヨノタメニ』（8㎜作品）（1987年）

- 『SUPER MAN』(8㎜作品)(1988年)※TBSテレビ『えび反り巨匠天国・銅監督受賞』
- 『経大シネマのフイルムパーティー』(8㎜作品)(1989年)
- 『総合芸術』(8㎜作品)(1989年)卒業制作作品
- 『中国放送大パニック』(8㎜作品)(2000年)※2000年・国民文化祭招待作品
- 『井川遥～ひと夏の記憶』※映画『ヒナゴン』DVD特典映像
- 『浮気なストリッパー』(2015年)※FAVFAV配給
- 『愚か者のブルース』(2022年)※アークエンタテインメント配給

ドキュメンタリー制作

- 『東日本大震災ドキュメント1・一人言葉(ひとりごと)』
- 『東日本大震災ドキュメント2・一人言葉(ひとりごと)REBIRTH』
- 『東日本大震災ドキュメント3・一人言葉(ひとりごと)RE-BORN』
- 『踊り子～矢沢ようこ(仮題)』(現在制作中)

書籍出版

- 『KEN-JIN本』(1998年)
- 『横山の流儀』(2003年)
- 『土手香那子写真集』(カメラマン＆編集長)(2003年)
- 『RCCアナ本』(2004年)

- 『別冊／天才!?ヨコヤマ～どこから読んでも横山雄二』（2006年）
- 『ごぜん様さま 平成ラヂオバラエティ』（2014年）
- 『生涯不良』（2015年）
- 『ラヂバラ～ごぜん様さま読本』（2016年）
- 『Gマガジン～ごぜん様さま』（2017年）
- 『ふるさとは本日も晴天なり』（2018年）
- 『映画愚か者のブルースオフィシャルブック』（2022年）
- 『アナウンサー辞めます』（2022年）

CD

- 『広島の空／ガンバレ！／C調電車で行こう』（作詞作曲：松田博幸、作詞作曲：横山雄二）（1994年）
  ※ヴァージンメガストア広島・年間CD売上第2位
- 『Hungryman／dear』KEN-JIN BAND（作詞：横山雄二、作曲：吉川晃司）（2001年）
  ※HMV広島・年間CD売上第1位
- 『虹／君の左手』KEN-JIN BAND（作詞：横山雄二、作曲：ブルームオブユース）（2002年）
  ※HMV広島7週連続売り上げ1位
- 『あのとき』KEN-JIN BAND（作詞：横山雄二、作曲：ブルームオブユース）（2002年）
- 『初恋』KEN-JIN BAND（作詞作曲：村下孝三）（2004年）※コンピュレーションアルバム『aday』収録
- 『ロケット／働クオトコノウタ』KEN-JIN BAND（作詞：横山雄二、作曲：イズミカワソラ）（2004年）
  ※HMV広島6週連続売り上げ1位

- 『ひまわり／らぶれたぁ』ヨコヤマとヤスシ（作詞：横山雄二、作曲：YASS）（2008年）
- 『広島の空／ふるさと』横山雄二＆泉水はる佳（作詞作曲：松田博幸、作詞：横山雄二、作曲：YASS）（2014年）
- 『広島地獄』FreeFace＆横山雄二（作詞：横山雄二、作曲：FreeFace）
- 『歌おう』Dressing＆ユージーン（作詞作曲：Dressing）（2017年）
- 『広島の空／ガンバレ！』（作詞作曲：松田博幸、作詞作曲：横山雄二）（2018年）
- 『毎日が日曜日／言の葉』（作詞：横山雄二、作曲：藤江潤士）（2020年）
- 『ふるさとの風』（作詞：横山雄二、作曲：藤江潤士）（2022年）

※『ありがとう』横山雄二＆平松愛理（作詞：横山雄二、作曲：平松愛理）未CD化
※『メロディ』RCCパーソナリティーズ（作詞：横山雄二、作曲：YASS）未CD化

ボランティア

- 1995年 阪神大震災（震災から3日後に神戸市役所に携帯型ラジオ3000台を届ける。）
- 2011年 東日本大震災（震災翌月からチャリティライブ『ヨコヤマ☆ナイト』を毎月開催。宮城県石巻市雄勝町に2800万円を越える義援金を贈っている。）
- 2014年 広島市土砂災害（CD『広島の空／ふるさと』を製作。売り上げの全て100万円を広島市に寄贈）
- 2018年 広島豪雨災害（扇風機300台を避難所へ寄贈）
- 2018年『チャリティ・ミュージックソン』（被災地へ現金100万円を寄付する）
- 2020年 新型コロナウィルス感染防止のため広島県や石巻市の医療従事者などに総額300万円分のマスクなどを寄贈する。

おわりに

2022年9月より制作が始まり、多忙を極める19人のアナウンサーさんたちには、大変ご苦労をおかけしました。

こうして発刊できたことは、ひとえにアナウンサーさん皆様のご協力とご尽力によるもの。それに尽きます。この場を借りて感謝申し上げます。

今回、エッセイのテーマはあえて固定せずに、自由にテーマを決めていただきました。テーマがかぶることを心配していましたが、結果的には、19人による19通りのテーマが集い、編纂を終えてみれば、個性豊かなエッセイが完成しました。楽しんでいただけましたでしょうか。

第3弾は、また数十年後にあるのか、ないのか……。

『RCCアナ本②』制作委員会

RCCアナ本②

2023年7月7日　第一刷発行

著者　RCCアナウンサー

発行人　田中朋博
編集協力　RCCアナウンス部
デザイン・DTP　MO²、向井田 創
企画・編集　堀友良平
校閲　菊澤昇吾、藤田郁江
販売　細谷芳弘、菊谷優希
印刷・製本　株式会社シナノパブリッシングプレス

発行・発売　株式会社ザメディアジョン
〒733-0011
広島市西区横川町2-5-15 横川ビルディング
TEL：082-503-5035
en@mediasion.co.jp

ISBN978-4-86250-755-6